LES PLANTES

A FEUILLAGE COLORÉ

LES
PLANTES
A FEUILLAGE COLORÉ

RECUEIL

DES ESPÈCES LES PLUS REMARQUABLES SERVANT A LA DÉCORATION DES JARDINS,
DES SERRES ET DES APPARTEMENTS,

PAR

MM. E. J. LOWE ET W. HOWARD

Membres de la Société d'Horticulture de Londres.

TRADUIT DE L'ANGLAIS

PAR M. J. ROTHSCHILD, AVEC LE CONCOURS DE PLUSIEURS HORTICULTEURS

Ouvrage illustré de 60 gravures coloriées et de 46 gravures sur bois.

PARIS

J. ROTHSCHILD, ÉDITEUR

LIBRAIRE DE LA SOCIÉTÉ BOTANIQUE DE FRANCE

43, RUE SAINT-ANDRÉ-DES-ARTS, 43

1865

A MONSIEUR J. DECAISNE

MEMBRE DE L'INSTITUT, PROFESSEUR DE CULTURE AU MUSÉUM

MONSIEUR,

En inscrivant votre nom en tête de ce livre, je n'ai pas seulement voulu rendre hommage au promoteur le plus éclairé de l'Horticulture française, j'ai voulu encore, autant que mes faibles moyens me le permettent, m'acquitter de la dette que j'ai contractée envers vous. Par vos bienveillants encouragements, vous m'avez soutenu dans des moments difficiles; par vos conseils, vous m'avez dirigé dans l'accomplissement de la tâche ardue que je me suis imposée, voulant présenter à mes lecteurs français un recueil que ses auteurs étrangers semblaient n'avoir accommodé que pour le goût de leur nation. Si j'ai réussi, comme je l'espère, à vaincre les difficultés inhérentes à ce travail, je me plais à reconnaître que c'est en grande partie à vous même que je le dois.

Permettez-moi donc, monsieur, de vous en exprimer ici toute ma reconnaissance, et veuillez agréer les sentiments de profond respect avec lesquels j'ai l'honneur d'être

Votre très-humble et très-obéissant serviteur,

J. ROTHSCHILD.

AVIS DE L'ÉDITEUR

La traduction que nous donnons de l'ouvrage anglais, sous la direction et avec le concours de nos plus habiles horticulteurs, n'est pas littérale. Sans en changer le texte, dans ce qu'il avait d'essentiel, nous avons dû le modifier dans quelques-uns de ses détails. La raison en est qu'ayant à écrire pour des amateurs qui habitent un climat plus chaud que celui de l'Angleterre, il convenait de modifier dans ce sens les méthodes de culture indiquées par l'auteur. Sous le ciel brumeux du nord, en effet, la plupart de ces plantes appartiennent en propre à la serre chaude ou à la serre tempérée; sous celui de la France, et à plus forte raison du midi de l'Europe, un nombre considérable de ces dernières peuvent devenir des plantes de pleine terre, au moins pendant une notable partie de l'année, et c'est ce dont nous ne devions pas omettre de prévenir le lecteur.

En publiant ce livre sur un sujet neuf et d'ailleurs susceptible d'un grand développement, nous avons eu le désir de combler une importante lacune de l'horticulture française. Les belles planches coloriées dont il est orné sont d'une fidélité rigoureuse; mais nous avons cru devoir encore compléter la description des plantes par des gravures sur bois qui en représentent le port, sous des dimensions très-réduites. Nous n'avons omis ce détail, que lorsque les figures coloriées s'appliquaient à la plante presque entière, ou quand, plusieurs plantes étant de même genre, il suffisait d'en représenter une pour donner une idée de toutes les autres.

Notre travail n'est sans doute pas exempt d'imperfections, mais il est le premier jalon dans une voie encore inexplorée, et, tel qu'il est, nous avons la confiance qu'il sera utile. Puissent les amateurs auxquels il est destiné nous rendre ce témoignage ! Ce sera une suffisante rémunération de notre travail, et le meilleur encouragement à poursuivre l'œuvre laborieuse que nous avons entreprise de reproduire en français les œuvres les plus remarquables de la littérature horticole de nos voisins. Que l'appui et les sympathies des amis de l'horticulture, en France, nous soutiennent, et nous parviendrons, nous l'espérons du moins, à élever cette branche intéressante de la littérature au niveau de l'art aimable dont elle a pour objet de propager la connaissance et le goût.

INTRODUCTION

Voici une branche nouvelle de l'horticulture d'agrément, une branche en quelque sorte née d'hier, mais déjà si riche et si brillante qu'elle a conquis la faveur universelle.

Le recueil illustré que M. Rothschild a traduit de l'anglais avec le concours de plusieurs horticulteurs et dont les auteurs sont des amateurs renommés de la Grande-Bretagne, aura en France, nous n'en doutons pas, le même intérêt d'actualité que de l'autre côté du détroit, où les plantes à feuillage coloré rivalisent dès à présent avec celles qui ne produisent que des fleurs.

Ces dernières ont été pendant des siècles en possession d'une suprématie incontestée, ou plutôt elles régnaient seules dans nos jardins, suffisant par leur variété à tous les caprices de la mode. Mais avec le temps les goûts se modifient, de nouveaux besoins surgissent, et le luxe, essentiellement ennemi de l'uniformité, et toujours en quête des moyens de se satisfaire, devait tôt ou tard adopter des plantes si richement parées, quoique se recommandant à d'autres titres que leurs aînées. Comment en aurait-il été autrement une fois la porte ouverte à cette multitude de nouveautés qui nous arrivent aujourd'hui de toutes les régions du globe ? Par elles ont été révélés des genres de beauté que les anciens amateurs ne soupçonnaient pas ; par elles aussi on en est venu à comprendre que le mérite d'une plante n'est pas tout entier dans ses corolles ; que la noblesse du port,

la grandeur et la forme du feuillage, et enfin les teintes insolites et
souvent très-vives dont ce feuillage peut être peint, ont aussi leur valeur ornementale, et une valeur qui ne le cède pas, aux yeux de
l'amateur éclairé, à celle des fleurs les plus brillamment colorées. De là
des catégories nouvelles dans le jardinage d'agrément : les plantes de
port majestueux qui ornent nos grands jardins publics, les massifs de
verdure perpétuelle, les longues guirlandes des végétaux grimpants, et
enfin *les plantes à feuillage coloré*, qui sont peut-être, de toutes les
acquisitions récentes de l'horticulture, les plus gracieuses et les plus
justement recherchées.

Le coloris du feuillage se rattache à deux origines bien différentes
et donne lieu à deux groupes très-inégaux de valeur. Tantôt il est in-
timement lié à la nature de l'espèce, et, à ce titre, aussi normal que la
teinte verte l'est dans la grande majorité des végétaux ; tantôt au contraire il résulte de l'altération des tissus, véritable infirmité qui réagit
presque toujours sur le développement de la plante. Dans le premier
cas les teintes sont le rose, le rouge, le violet, le jaune vif, le blanc
argenté ; dans le second, c'est le blanc plus ou moins mat ou le jaune
pâle, associés au vert naturel, qui est souvent lui-même affaibli.
Rarement ce second mode de coloration peut se comparer au premier, et lorsqu'il se joint à un rabougrissement trop sensible de la
plante il ne mérite plus de figurer comme élément de décoration dans
les jardins. Il importe donc à l'amateur de savoir choisir entre les
plantes colorées, de distinguer celles dont le coloris est normal de
celles où il est le signe de l'affaiblissement ; et, parmi ces dernières,
de reconnaître celles où la beauté des panachures n'est pas fâcheuse-
ment contrebalancée par l'infériorité du port. Mettre l'amateur novice
à même de faire ce choix, tel est le but que se sont proposé les auteurs de
ce recueil, et ils l'ont d'autant mieux atteint, qu'ils ont été habilement
secondés par le peintre qui leur a prêté son concours, et qui a su
rendre, presque avec leur vivacité naturelle, les nuances variées que le
langage n'aurait pu exprimer.

Ch. NAUDIN.

CALATHEA VEITCHII

CALATHEA ZEBRINA

(MARANTACÉES. — PL. 1.)

La magnifique plante qu'on voit ici représentée, appelée aussi MARANTA ZEBRINA, est originaire du Brésil. Elle a été introduite en Europe en 1815.

Température de la serre : en été, 18° à 24° centigrades; en hiver, 12 à 16°.

Le CALATHEA ZEBRINA est un des grands ornements de nos serres chaudes, où il trouve peu de rivaux pour la beauté du feuillage. C'est une plante herbacée, vivace, dont les feuilles ont de 0^m,40 à 0^m,60 de long, sur 0^m,15 à 0^m, 20 de large. Élé-

1

gamment bariolées de bandes alternativement plus claires et plus foncées, et légèrement teintées de pourpre en dessous, elles flattent encore l'œil par leurs reflets satinés. Prise dans son ensemble, la plante est très-noble de port et digne de figurer aux premiers plans de la serre. Ses fleurs, quoique relativement modestes, méritent encore d'attirer les yeux : elles forment un épi où le pourpre et le blanc s'entremêlent de la manière la plus heureuse.

Le CALATHEA ZEBRINA drageonnant naturellement du pied, on le multiplie par séparation des touffes, en ayant soin de ne pas rompre les racines qui adhèrent aux rejets. Ces rejets sont plantés en pleine terre ou en pots, dans un coin de la serre bien abrité contre les rayons directs du soleil. Si la chaleur est bien conduite, ils seront repris en un mois, et on pourra dès-lors les traiter comme des plantes adultes.

Le meilleur compost est une terre de qualité moyenne, formée par moitié de terre franche et de terre siliceuse ou terre de bruyère, avec une légère addition de fumier de vache bien consommé et de terreau de feuilles.

Si les plantes ont été mises en pots, donnez-leur tous les ans, au printemps, des pots plus grands, et arrosez copieusement pendant l'été, mais très-modérément en hiver. Elles végéteront d'autant mieux que la terre des pots sera plus échauffée ; le mieux, si on le peut, est de plonger les pots dans la tannée parcourue par les tuyaux du thermosiphon. Dans ces conditions, les plantes arriveront à une taille plus qu'ordinaire, et formeront des touffes de plus d'un mètre de hauteur et de largeur, qui exciteront l'admiration générale.

On voit de très-beaux échantillons du CALATHEA ZEBRINA dans les serres du Muséum d'histoire naturelle, ainsi que dans celles de quelques riches amateurs.

CROTON VARIEGATUM

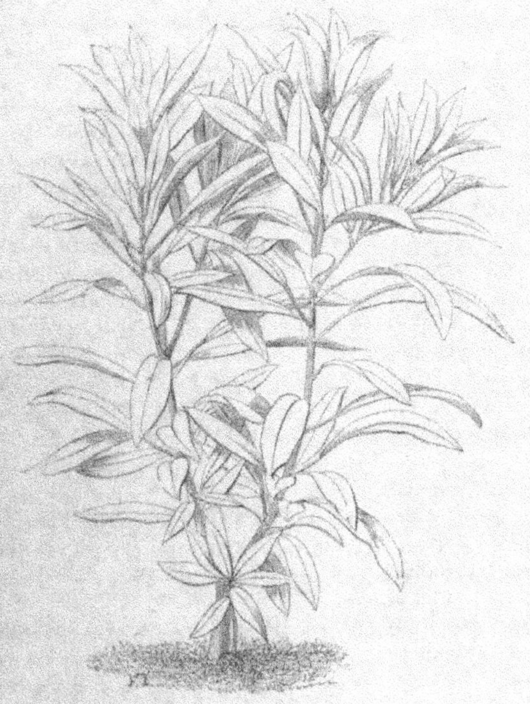

CROTON VARIEGATUM

La plupart des espèces du genre CROTON sont des arbustes de serre chaude, à feuilles persistantes. Une de ces espèces, le C. TIGLIUM, est célèbre en médecine : ses graines, connues sous le nom de *Grains de Tilly*, sont un des plus puissants purgatifs que l'on connaisse.

Le CROTON VARIEGATUM a été introduit en Europe vers l'année

1804. Il est originaire de l'Inde orientale. Comme ses congénères, il appartient, en Europe, à la serre chaude, où il veut une température de 18 à 25° centigrades en été, de 12 à 16° en hiver. En bon sol, et avec les soins convenables, il s'élève à 3 mètres et plus.

On le multiplie facilement de boutures en mars et avril. Les boutures se font en pots, bien drainés, dont le drainage (tessons ou graviers) est recouvert d'une légère couche de mousse qui empêche la terre d'en obturer les interstices. Sur ce lit de mousse, on dépose un compost de terre franche et de terre de bruyère mêlées par parties égales, qu'on recouvre de sable pur, sur un doigt d'épaisseur. On arrose légèrement pour tasser le sable, et on pique les boutures. La section des rameaux bouturés doit avoir été faite très-nette, et on conserve entières les feuilles terminales. Tout étant ainsi disposé, on enterre le pot dans la tannée ou sur une couche chaude, et on le recouvre d'une cloche, avec la précaution de tenir les feuilles de la plante écartées du verre; on a soin aussi de l'ombrager par un treillis, une toile ou simplement une feuille de papier. En six semaines, les boutures seront assez enracinées pour pouvoir être transplantées, mais il faut toujours les tenir à l'ombre, jusqu'à ce qu'elles aient pris un peu de force. A chaque printemps, ajoutez du terreau de feuilles à la terre où seront vos plantes, mais ne les changez pas trop souvent de pots. Arrosages modérés, surtout en hiver.

Cet arbuste étant un peu divariqué et de port irrégulier, si on veut l'obtenir tout à fait beau, il faut pincer tous les ans les sommités des principales branches, et l'amener à former une tête arrondie et touffue; ce à quoi on arrive avec un peu d'adresse et de persévérance.

Les feuilles du CROTON VARIEGATUM ont de 12 à 16 centimètres de long, sur 3 à 5 de large, vers le milieu. Leurs bariolures et leurs marbrures jaunes sur fond vert les rendent très-belles. Il n'y a même pas de plantes panachées qui soient réellement supérieures à celle-ci, lorsqu'elle a pu se développer sous la pleine lumière du soleil; aussi conseillons-nous à tous les amateurs qui possèdent une serre chaude de se la procurer. Ses fleurs sont mi-parties de vert et de blanc.

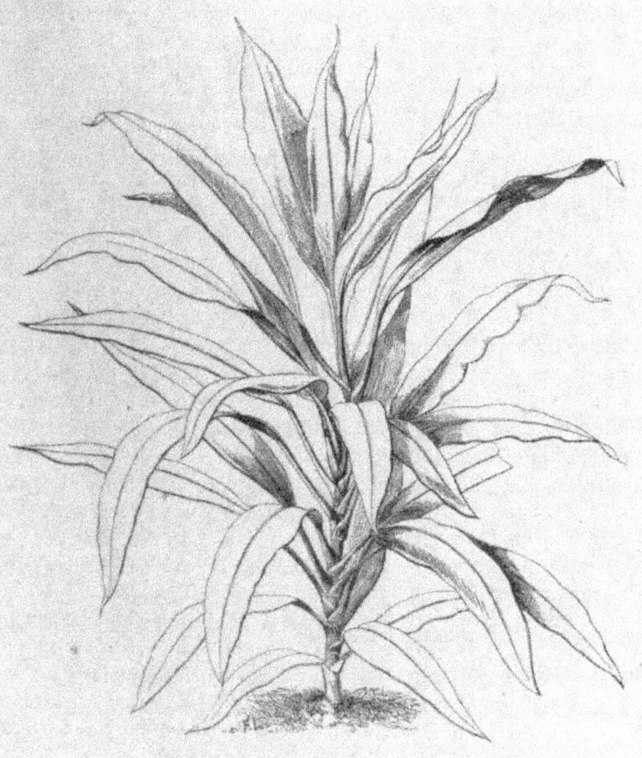

DRACÆNA FERREA VERSICOLOR

Les dragonniers (DRACÆNA) appartiennent à la serre chaude
et à la serre tempérée. Ce sont des arbres ou arbustes à feuilles
persistantes, ordinairement sans ramifications et couronnés au
sommet de la tige d'un faisceau de feuilles plus ou moins lon-

gues et lancéolées. Le plus célèbre du genre est le dragonnier
des Canaries (DRACÆNA DRACO), qui, avec les années, se ramifie
et prend des proportions colossales. Celui qu'on voit figurer ici
ne dépasse pas la taille d'un arbuste de 4 à 5 mètres; il est
originaire de l'Inde et est, par conséquent, de serre chaude.
En été, il veut une température de 20 à 27° centigrades, en
hiver, de 10 à 15. La beauté du feuillage est assez bien exprimée
par notre figure coloriée pour que nous n'ayons pas besoin d'en
faire autrement la description.

La propagation se fait de la manière suivante : on prend un
vieux pied de ce dragonnier; on en coupe la tige en tronçons
de 2 à 4 centimètres, et on plante ces tronçons verticalement
dans un pot ou dans une terrine remplie de terre siliceuse,
qu'on tient légèrement humide, le pot ou la terrine étant d'ailleurs enterrés dans la tannée de la serre chauffée à 25 ou 26°.
Si l'opération est bien conduite, les fragments sont enracinés en
quelques jours, et ils commencent à pousser un, ou plusieurs
bourgeons. On peut aussi bouturer tout d'une pièce la sommité
détachée du tronc de l'arbuste, après en avoir enlevé les grandes
feuilles. Le pied obtenu de cette manière est plus vite formé
que ceux qu'on obtient de simples tronçons; cependant si ces
tronçons ont une certaine longueur (12 à 15 centimètres, par
exemple), on obtient encore des plantes assez bien formées dans
l'année même.

Ce petit dragonnier est peu disposé à se ramifier, et, lorsqu'on
l'abandonne à lui-même, il ne pousse ordinairement qu'une
tige simple. On peut l'obliger à pousser des branches, en re-
tranchant le bourgeon terminal, lorsqu'il est jeune.

Les feuilles ont de 30 à 35 centimètres de long, sur 4 à 6 de
large. Elles sont d'un vert-noir, très-richement bordées ou panachées de rouge-carmin, et quelquefois entièrement rouges.
Bien qu'assez commune, la plante est fort recherchée.

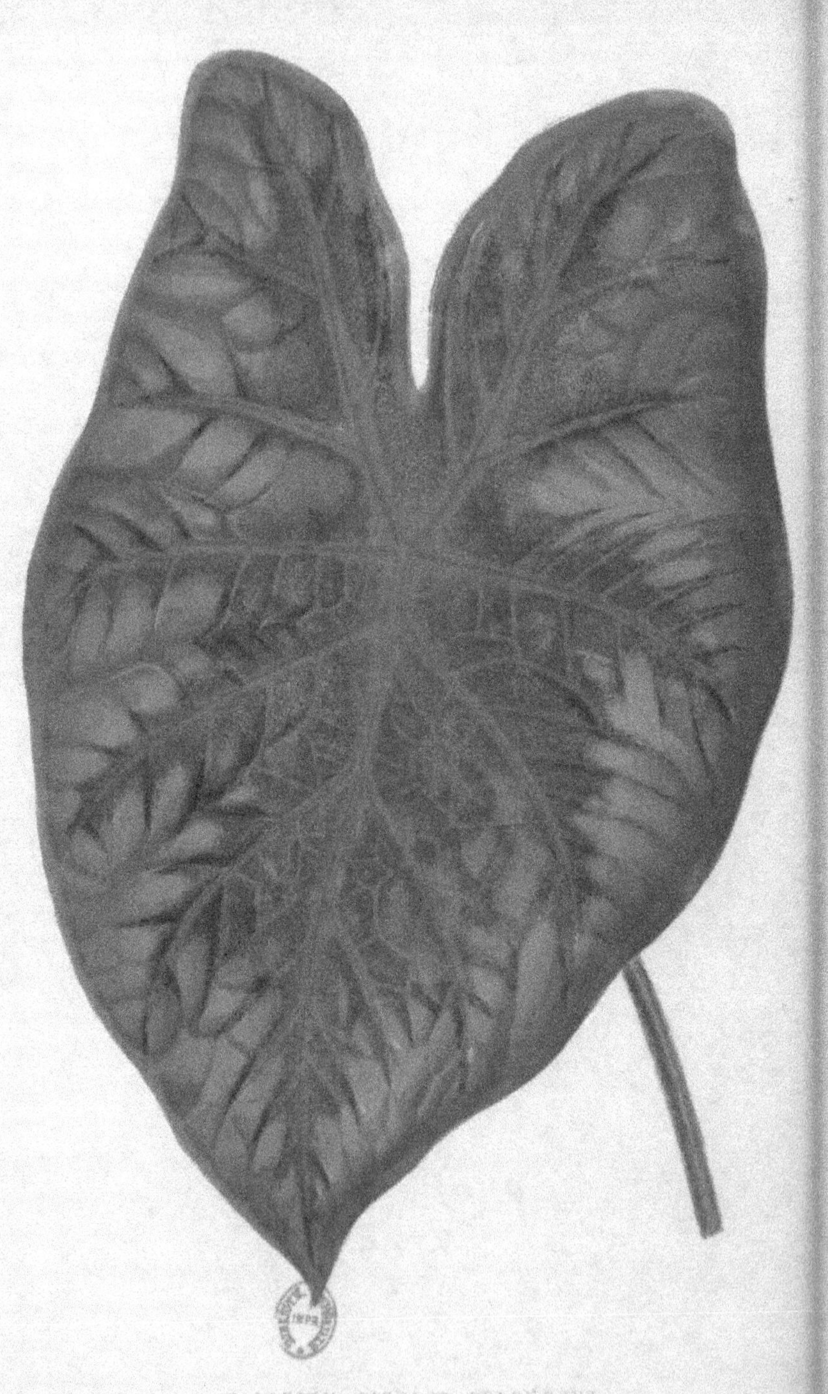

CALADIUM BICOLOR SPLENDENS.

IV

CALADIUM BICOLOR SPLENDENS

(AROÏDÉES. — PL. 4.)

Une des plus belles plantes d'un genre renommé pour la
riche coloration du feuillage, et le contrate des nuances asso-
ciées sur la même feuille. Tous les Caladium, à l'exception du
C. VIRGINICUM, qui est rustique dans le nord de la France, sont
de serre chaude ou, au moins, de serre tempérée dans cette
région; il y en aurait cependant plusieurs qui réussiraient en
pleine terre dans les parties chaudes du midi, à condition d'y
être abritées contre les ardeurs du soleil. Elles y seraient un
des plus remarquables ornements des jardins.

Le CALADIUM BICOLOR SPLENDENS est originaire de l'île de Ma-
dère, d'où il a été importé en Europe (en Angleterre), vers 1773.
Son feuillage est annuel, attendu qu'il périt tous les ans à l'automne; mais la racine persiste sous le sol, et repousse de nou-

velles feuilles et des inflorescences après l'hiver. Les racines charnues sont, dit-on, comestibles.

En été, température de 21° à 25° centigrades ; en hiver, de 12 à 15°. Ces chiffres annoncent suffisamment que la plante serait de pleine terre dans beaucoup de localités du midi de la France.

Ses feuilles s'élèvent à 60 centimètres, en moyenne ; leur longueur est de 25 à 30 centimètres, sur une largeur de 18 à 22 ; elles sont admirablement belles, lustrées, métalliques, et surtout vivement colorées de carmin dans le centre, qui contraste par là avec la brillante teinte verte du contour. Ses fleurs sont blanches.

La propagation se fait par division des rhizômes, et aussi par les petits tubercules qui se détachent spontanément du pied.

Les plantes restant à l'état de repos pendant l'hiver, il faut, au printemps, changer entièrement la terre des pots, et la remplacer par un compost de terreau de feuilles, de limon et de fumier de vache bien développé. Les pots doivent être parfaitement drainés, et les tubercules plantés à fleur de terre. On chauffe convenablement (24 à 26°) ; mais on ne commence à arroser, et très-légèrement, qu'au moment où les premières feuilles pointent à la surface de la terre ; puis, on augmente graduellement la quantité d'eau, à mesure que la plante se développe. En octobre, ou même avant, on supprime les arrosages ; les feuilles jaunissent et tombent, et la plante entre dans la période de repos. On la porte alors sur les rayons de la serre, dans un endroit où elle ne soit exposée ni à l'humidité ni à la gelée. En pleine terre, dans le midi, sa culture serait beaucoup simplifiée.

PAVETTA BORBONICA

PAVETTA BORBONICA

Les Pavetta sont très-voisins des Ixora, genre représenté dans nos serres par deux ou trois espèces. Ils sont originaires de la Chine, de l'Inde, de l'Afrique australe et des îles voisines de ce continent. L'espèce qui fait le sujet de cette note a été introduite de l'île Bourbon en Europe, en 1840. Elle appartient naturellement à la serre chaude, sous nos climats, et demande une température de 22 à 32° centigrades en été, et de 10 à 16 en hiver.

Cette belle plante est rarement cultivée, peut-être parce que ses fleurs n'ont rien de remarquable ; mais elle rachète amplement cette infériorité par son port distingué, et surtout par le coloris de ses grandes feuilles ocellées de blanc et parcourues par une nervure du plus beau carmin.

On la multiplie de boutures détachées en mars, avant qu'elle n'entre en végétation, et qu'on plante dans du sable, en les recouvrant d'une cloche un peu élevée. On soutient avec des petits bâtons les feuilles conservées à la bouture, afin qu'elles ne s'affaissent pas dans les premiers jours. En cinq ou six semaines, si la chaleur a été suffisante et l'opération bien conduite, ces boutures sont assez enracinées pour pouvoir être mises en pots séparément.

Pour l'empotage on se sert d'un compost formé, par parties égales, de terre franche et de terre siliceuse, et auquel on peut ajouter un peu de terreau de feuilles, mais point d'engrais stimulants. La plante étant de celles qui veulent beaucoup d'air et de lumière, on la mettra dans un endroit de la serre approprié à ces exigences. Plus le local sera éclairé, plus vives seront les macules de ses feuilles.

BEGONIA REX
van Grande
VI

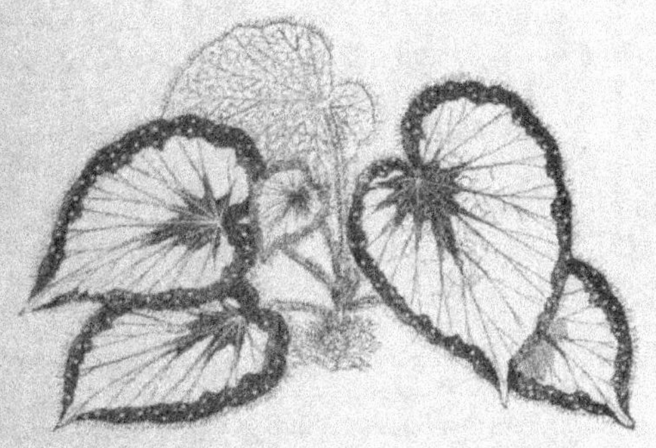

BEGONIA REX. Var. GRANDIS

(BÉGONIACÉES. — PL. 6.)

Superbe plante de serre chaude, qui jouit aujourd'hui d'une grande vogue, et qui compte un grand nombre de congénères dignes de lui être comparées. Cette belle variété a été obtenue de semis en 1858, par MM. Rollisson, père et fils, de Tooting, Angleterre.

C'est une plante herbacée de 30 à 35 centimètres de haut, formant une large touffe. Ses feuilles, cordiformes et à côtés inégaux, ont en moyenne 25 centimètres de long, sur 20 de large. Leur coloris, en dessus, est le vert olive tirant sur le brun, avec une large zône blanche à contours irréguliers, qui sépare en deux compartiments la teinte verte, le compartiment extérieur formant une bande étroite le long du bord de la feuille. En dessous, elles sont uniformément rouge-carmin. Les fleurs sont grandes, et de couleur carminée.

De même que la grande majorité de ses congénères, et surtout que le Begonia Rex dont elle est issue, cette variété appartient à la serre chaude, où elle reste en toute saison. En été, il lui faut une température de 20 à 27° centigrades; en hiver, elle se contente de 18 à 20°.

Le meilleur compost qu'on puisse lui donner consiste en : terre franche une partie, terre de bruyère grossièrement tamisée deux parties, et terreau de feuilles une partie, le tout bien mélangé. On rempote en mars, et on donne de copieux arrosages en été, se contentant de bassiner légèrement la terre en hiver. Les pots doivent être drainés avec soin, à l'aide de tessons, sur deux ou trois centimètres d'épaisseur.

La multiplication se fait ici au moyen de feuilles coupées en sept ou huit morceaux, plus ou moins, suivant leur grandeur. Ces fragments se plantent droits ou dans une position inclinée, même presque à plat, dans des pots ou des terrines bien drainés, et remplis, jusqu'à 2 centimètres du bord, du compost indiqué ci-dessus, le reste étant occupé par une couche de sable pur, qu'on tient très-humide. La plantation faite, on la couvre d'une cloche qu'on ombrage d'une feuille de papier, et on place le tout sur un lit de tannée, ou mieux de sable, chauffé à 26 ou 27°. En très-peu de jours, si l'humidité et la température ont été tenus au point convenable, des racines se forment à la partie inférieure de ces fragments bouturés, et bientôt on voit apparaître des bourgeons et des feuilles. Dès que ces dernières se sont développées, on enlève les plantes pour les mettre chacune dans un petit pot, qu'on enterre dans la tannée, et on commence dès lors à les habituer graduellement au contact de l'air et de la lumière. Ces boutures reproduisent, en général, identiquement la variété.

Il en est autrement des graines, quand on peut en récolter sur les plantes adultes. Celles-là donnent toujours ou presque toujours naissance à des variétés nouvelles, ce qui est un grand avantage pour l'amateur. On aura donc soin, lorsque les plantes seront en fleur, d'en assurer la fructification en les fécondant artificiellement, et d'en récolter les graines à leur maturité. Le semis se fait en terrines drainées, et sur terre de bruyère, d'ailleurs dans les mêmes conditions de chaleur et d'humidité que la plantation des boutures.

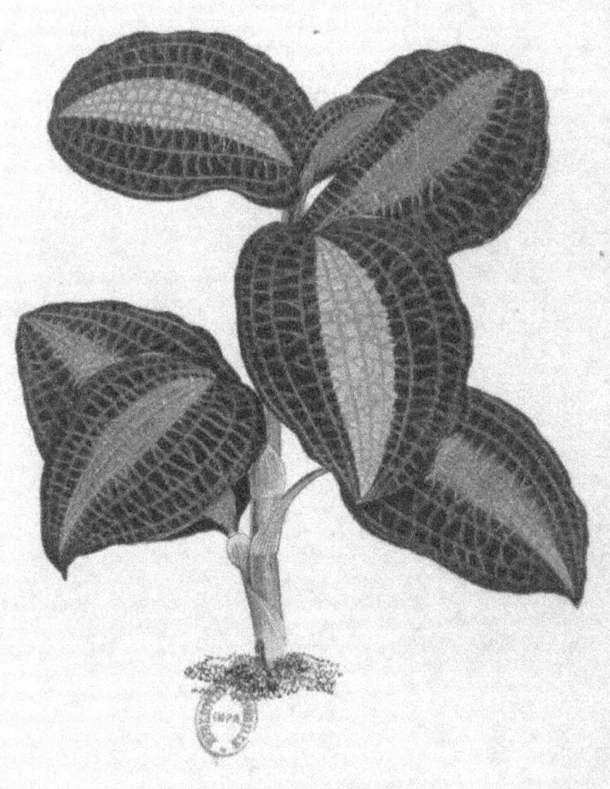

ANŒCTOCHILUS XANTHOPHYLLUS

VII

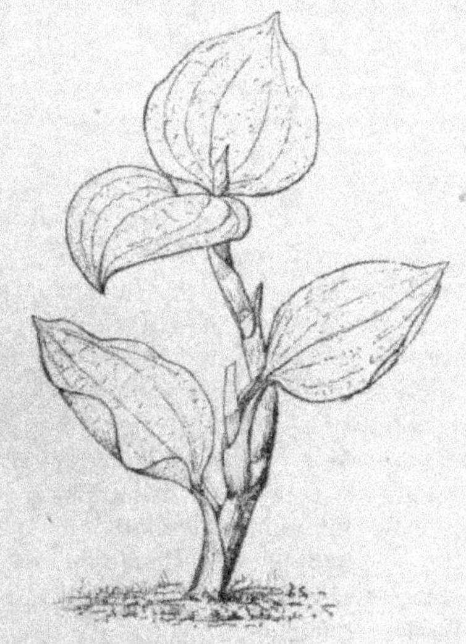

ANŒCTOCHILUS XANTHOPHYLLUS

(ORCHIDÉES. — PL. 7.)

Les ANŒCTOCHILUS sont un magnifique genre d'orchidées, natives de l'Inde, de Java et de Ceylan, où elles croissent dans les haies et sous les buissons. Leurs fleurs sont cependant insignifiantes, mais elles sont incomparables par la beauté des panachures réticulées qui couvrent leur feuillage velouté et miroitant comme un métal. Dans quelques espèces, les feuilles présentent en outre une large macule centrale autrement colorée que le reste du limbe.

L'ANŒCTOCHILUS XANTHOPHYLLUS a été importé de Java en 1849, par MM. Veitch, d'Exeter.

C'est une petite plante basse, rampante, à fleurs curieuses de forme quoique petites, attrayante au plus haut degré par le coloris bizarre de ses feuilles. Ces dernières ne sont pas grandes; elles n'ont guère que 5 ou 6 centimètres de long, sur 4 à 4 1/2 de large; leur surface ressemble à un velours de couleur foncée, avec des reflets métalliques; elle est veinée de jaune d'or, et présente en outre de chaque côté de la nervure médiane une large bande jaune plus ou moins piquetée de brun. Nulle description, au surplus, ne saurait donner une idée exacte de leur coloris, que la peinture elle-même ne rend qu'incomplétement.

Cette jolie plante réussit bien avec une température estivale oscillant entre 31 et 32° centigrades ; cette température doit être en hiver de 15 à 20.

On la multiplie par division de la tige en tronçons de quelques centimètres, contenant deux à trois nœuds ou articulations, qu'on plante dans une terre de bruyère très-sableuse, mêlée en outre de mousse hachée menu, et contenant quelques fragments de charbon. Les pots doivent être parfaitement drainés, et constamment recouverts de cloches de verre, et on les tient dans un endroit ombragé de la serre. On doit, en arrosant, veiller à ce que les feuilles ne soient jamais mouillées ; en hiver il suffit que la terre soit simplement humide. On n'oubliera pas non plus d'essuyer tous les jours les verres des cloches, sans quoi l'eau qui s'y accumule finirait par tomber en gouttes sur les feuilles, ce qui les ferait jaunir.

CROTON PICTUM.

VIII

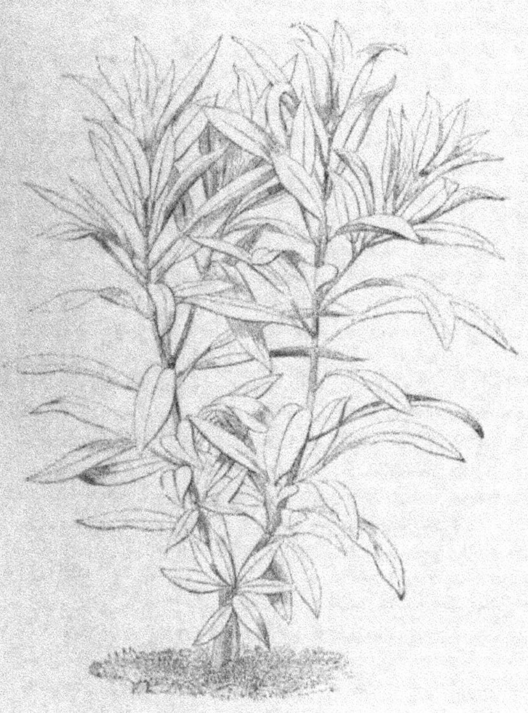

CROTON PICTUM

Espèce introduite de l'Inde orientale en Europe, en 1840. Elle appartient, comme le C. VARIEGATUM (Pl. II), à la serre chaude, et conserve ses feuilles en tout temps. Elle s'accommode d'une température estivale de 18 à 24° centigrades, et en hiver de 12 à 16.

Le CROTON PICTUM ayant ses branches un peu divariquées, il

convient, si on veut l'avoir d'une belle forme, de couper tous les ans les sommités des principales branches, et de diriger, au moyen d'un treillis les pousses latérales, afin de former une tête bien pleine et bien arrondie.

Les feuilles ont de 15 à 20 centimètres de longueur, sur 4 à 6 de large vers le milieu. Elles sont brillamment et irrégulièrement marbrées de rouge carmin vif, comme on le voit par la figure ci-jointe. L'arbuste n'est pas rare dans les collections, et, quoique peu élevé, il mérite d'être cultivé par tous les amateurs ayant une serre chaude.

Multiplication facile de boutures, qu'on détache en mars et avril, et qu'on plante dans des pots parfaitement drainés au moyen de tessons, sur une épaisseur de 2 à 3 centimètres, et recouverts d'un lit de mousse, afin que l'eau des arrosages n'y stagne pas un instant. On remplit le pot, jusqu'à 2 ou 3 centimètres du bord, avec un compost formé par parties égales de terre franche et de terre de bruyère; le reste est rempli de sable pur. Les boutures étant placées dans cette couche de sable, on donne un léger bassinage et on couvre d'une cloche. On ne doit pas négliger, et ceci s'applique à toutes les boutures, de faire des sections bien nettes, avec une lame affilée. Les boutures doivent être assez éloignées de la cloche pour que leurs feuilles n'en touchent point les parois, dont l'humidité les ferait jaunir et moisir, et, s'il le faut, on les tient à distance à l'aide de bâtonnets piqués dans le sable. Toutes ces précautions prises, on porte le pot sur la couche de tannée ou de sable échauffé, et on ombrage contre les rayons directs du soleil. En six semaines, ordinairement, les boutures sont reprises; on les met alors dans des pots à demeure, et on les habitue graduellement à supporter le contact de l'air et de la lumière.

Quant à la culture proprement dite, elle est fort simple : on ajoute tous les ans, au printemps, un peu de terreau de feuilles au compost, et, s'il le faut, on empote dans des pots plus grands. Arrosages modérés dans les premiers jours; plus copieux en été, mais très-ralentis en hiver. Il suffit, en cette saison, que la terre soit légèrement humide.

BEGONIA REX.
IX.

BEGONIA REX

(BÉGONIACÉES. — PL. 9.)

Le genre BEGONIA a été ainsi nommé en l'honneur de Michel Bégon, gouverneur de Saint-Domingue, et protecteur de la botanique, au XVIIe siècle.

Ce genre est riche en espèces, tantôt sous-frutescentes, tantôt herbacées et vivaces, souvent munies de rhizomes tuberculeux. Elles habitent presque toutes les régions chaudes de la terre: les Antilles, le Brésil, le Guatemala, l'Inde orientale, le Mexique, le Pérou, l'Afrique australe, la Chine, etc., affectant les plus grandes diversités de feuillage, de port et de taille. Les plus basses ne dépassent guère 18 à 20 centimètres en hauteur, les plus grandes s'élèvent à 2 mètres au plus.

C'est une charmante série de plantes, belles à la fois par leurs feuilles et par leurs fleurs.

Le BEGONIA REX, qui tient un rang distingué dans l'horticulture de serre chaude, est originaire de l'Amérique équatoriale. C'est

tout récemment, en 1857, qu'il a été introduit en Europe, par
M. Linden, de Bruxelles, de chez qui il passa bientôt en Angleterre, dans les serres de MM. Rollisson, père et fils, où il a
donné déjà une multitude de superbes variétés.

Il appartient de droit à la serre chaude, et veut être tenu dans
une atmosphère moite, analogue à celle qui convient aux orchidées. La température, en été, doit être comprise entre 24 et 27°
centigrades; en hiver, entre 15 et 20. De même que beaucoup
d'autres plantes de l'Amérique équatoriale, amies de la demi-
ombre et de l'humidité, il s'accommode parfaitement du régime
de nos serres chaudes, où il n'est pas sujet à s'étioler.

Les feuilles sont grandes, obliquement ovales; le fond de leur
coloris est un vert foncé et bronzé, interrompu par une zone d'un
blanc argenté, nettement tranchée, et qui se trouve à peu près
à égale distance du bord et du centre de la feuille. Cette zone,
suivant les variétés, s'élargit et se rétrécit; quelquefois elle occupe
presque toute la largeur du limbe, le peu de vert qui reste au
centre formant comme une étoile irrégulière à 5 ou 7 branches.
Le dessous de la feuille et les pétioles sont d'un vert rougeâtre
et hérissés de poils rouges. La tige est toujours courte, pour
ainsi dire à demi enterrée.

Les fleurs sont simplement jolies, d'un blanc jaunâtre, sans
rien de particulier.

Un compost formé, par parties égales, de limon de rivière ou,
à son défaut, de terre franche, de sable siliceux et de terreau de
feuilles décomposé, convient très-bien au Begonia Rex. La culture doit se faire en pots parfaitement drainés, plutôt petits que
grands, car on croit avoir remarqué que plus les racines y sont
à l'aise, moins les marbrures des feuilles sont vives et tranchées.

La multiplication se fait ici au moyen des feuilles, soit coupées
en fragments, comme nous l'avons dit plus haut, soit bou-
turées entières. Dans ce dernier cas, on opère comme il suit :
on tranche les principales nervures de loin en loin, et on pose
la feuille à plat sur le sable humide du pot, en la maintenant
ferme au moyen de petites chevilles. On couvre d'une cloche,
et on porte le tout sur une tannée chaude, dans un endroit
obscur de la serre. En très-peu de temps, des racines sorti-
ront de chaque division de cette feuille, puis des bourgeons
et des feuilles. On séparera alors les jeunes plantes comme nous
l'avons dit plus haut, pour les empoter séparément, et on les

habituera graduellement à l'air et à la lumière ; mais comme leur croissance est rapide, il faudra faire de fréquents empotages. Si l'opération est bien conduite, en six mois elles seront adultes et formeront de superbes touffes de feuilles.

Des milliers de variétés de cette belle espèce ont été obtenues en Angleterre et sur le continent ; ne pouvant pas les nommer toutes, nous indiquerons du moins les six suivantes : GRANDIS, URANIA, NEBULOSA, VIRGINIA, ROLLISSONII et ISIS. On a vu le GRANDIS figuré un peu plus haut.

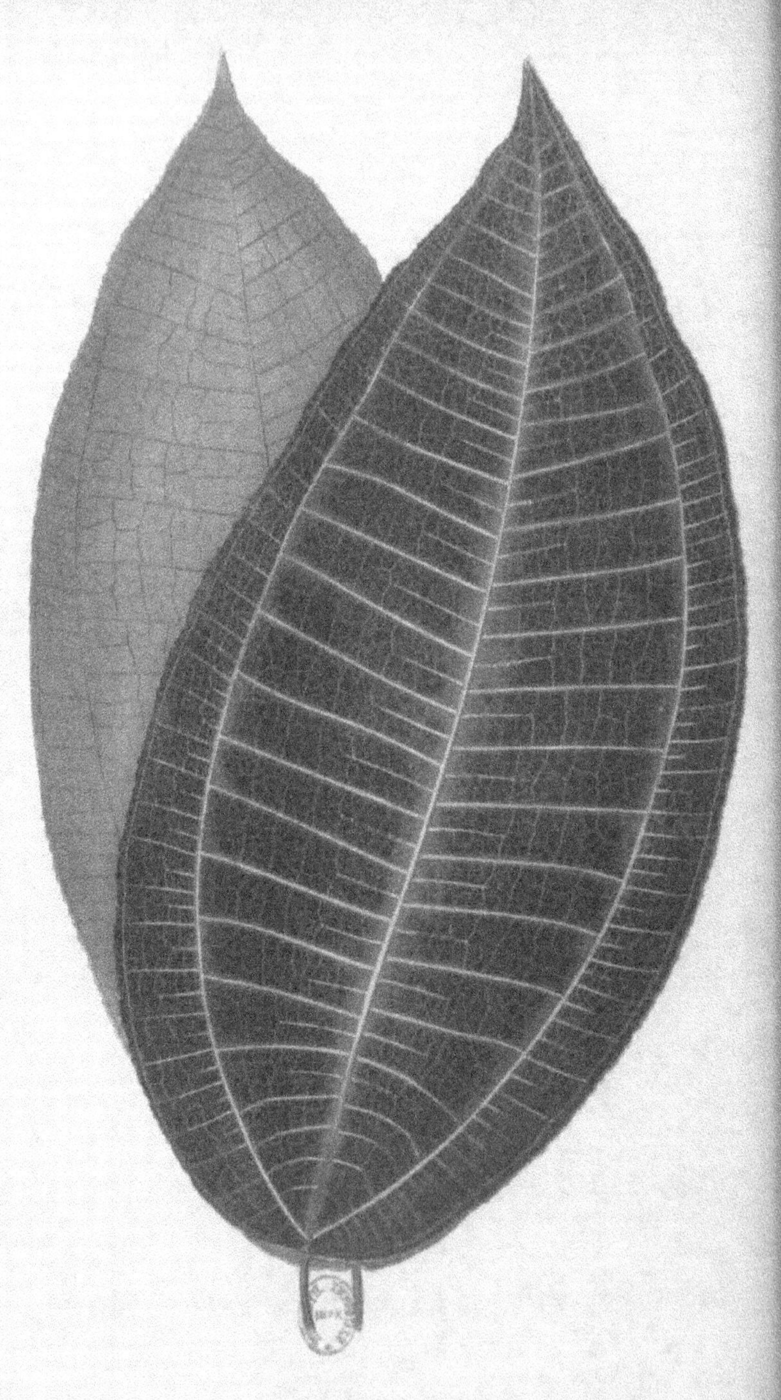

CYANOPHYLLUM MAGNIFICUM.

X

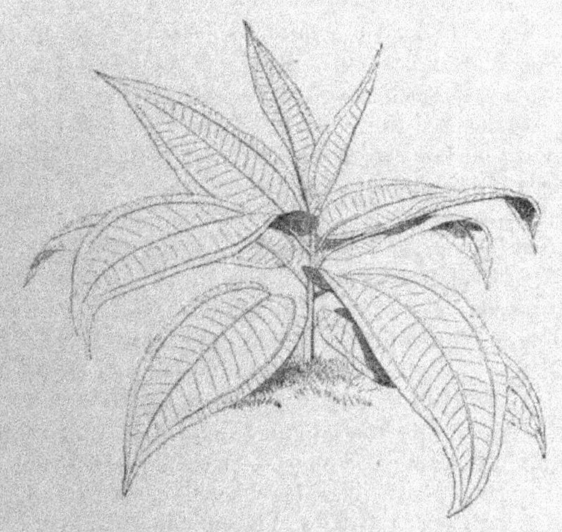

CYANOPHYLLUM MAGNIFICUM

Superbe arbuste de la Nouvelle Grenade, introduit en 1857 en Belgique, par M. Linden, et de là en France et en Angleterre. Il n'a pas encore fleuri en Europe.

Comme plante à feuillage ornemental, cette belle mélastomacée tient un rang des plus distingués, mais il n'est pas possible d'en juger sur la planche ci-jointe, où, faute d'espace, les feuilles ont été réduites au tiers ou au quart de leur grandeur; d'un autre côté la peinture ne saurait rendre les reflets métalliques et moirés de ces feuilles, l'artiste n'a pu qu'imiter leurs contours et rendre, par des teintes mates, le fond de leur coloris.

Le CYANOPHYLLUM MAGNIFICUM s'élève droit, sur une seule tige, qui, selon toute vraisemblance, doit se ramifier à une certaine hauteur. Ses feuilles, régulièrement ovales-lancéolées, ont de 40 à 50 centimètres de longueur, sur 20 à 25 de large. Trois nervures principales, convergentes vers le sommet du limbe, se détachent, par leur blancheur, sur un fond vert bronzé et velouté, se reliant l'une à l'autre par des nervures transversales plus fines, parallèles, formant comme une double échelle qui monte de la base du limbe au sommet. Le dessous de la feuille est coloré de carmin uniforme et réticulé par la saillie des nervures. Rien de plus majestueux que cette plante, lorsqu'elle est dans toute sa vigueur. Ses fleurs, dit-on, forment de belles panicules aux sommets de la tige principale et des rameaux, mais elles sont, prises isolément, de peu de durée.

La plante demande, en été, une température de 22 à 28° centigr., en hiver, de 18 à 22. L'expérience a déjà fait reconnaître qu'elle se plaît dans un compost formé par parties égales de terre de bruyère et de terreau de feuilles, mêlés d'un peu de sable. On empote au printemps, dans des pots parfaitement drainés; on tient la plante dans un endroit éclairé de la serre, afin d'aviver les teintes de son feuillage, et on arrose abondamment pendant la période de végétation. Les arrosages doivent être modérés en hiver, sans être pourtant suspendus. On peut aussi bassiner légèrement les feuilles, le soir, mais seulement à l'époque où la plante est dans le fort de sa végétation.

Nous avons dit tout à l'heure que le CYANOPHYLLUM s'élève sur une seule tige, qui indique jusqu'ici peu de tendance à se ramifier. Si on voulait lui faire former une tête, il faudrait en pincer le bourgeon terminal; il est vraisemblable qu'alors la sève emprisonnée ferait développer des branches latérales. Ne dissimulons pas cependant que cette expérience pourrait n'avoir pas de succès, et que, si l'on n'a qu'un seul échantillon, le plus prudent est de l'abandonner à sa tendance naturelle.

On le propage aisément de boutures, qu'on prend sur les rameaux latéraux lorsque les plantes en produisent. Ces boutures se font à chaud, dans des pots drainés, remplis de terre de bruyère, et recouverts d'une petite cloche. On doit veiller à ce que les feuilles du fragment bouturé ne touchent pas aux parois de la cloche, dont l'eau les ferait jaunir et pourrir.

FARFUGIUM GRANDE

XI

FARFUGIUM GRANDE

(COMPOSÉES. — PL. 11.)

Voici une intéressante nouveauté. Elle nous vient du nord
de la Chine, d'où elle a été rapportée par le célèbre voyageur
Fortuné, en 1855.

Elle appartient indifféremment à l'orangerie et à la pleine
terre dans le nord de la France, mais elle devient plus belle
dans le midi, en pleine terre et dans un site à demi-ombragé.
Ses grandes feuilles cordiformes-arrondies, ou même presque
réniformes, sont d'un vert clair, vif, maculé irrégulièrement de
larges taches jaunes; portées sur des pétioles de 25 à 30 centimètres de long, elles forment de belles touffes arrondies du plus
charmant effet dans les plates-bandes d'un parterre ou sur les
contours d'une pelouse. Ces touffes ont quelquefois plus d'un
mètre de largeur.

La culture en est facile, attendu que, rustique comme elle

l'est, elle brave aisément les froids de nos hivers. Sa racine vivace, à la manière de celle de notre tussilage indigène, est suffisamment abritée du froid par la terre qui la recouvre. Elle vient dans tous les sols, mais plus volontiers dans les sols argileux mêlés de sable. Si on la tient en pots, on lui donnera un compost formé de terre franche limoneuse et de terre de bruyère ou de sable.

La multiplication se fait au printemps par éclats du pied, qui reprennent avec la plus grande facilité, soit en pleine terre, soit sous châssis. Pour avoir la plante belle, il faut l'arroser de temps en temps dans la période de végétation, à moins qu'elle ne soit exposée à la pluie. Dans le midi, où la chaleur et la sécheresse sont souvent prolongées, on lui donnera plus fréquemment de l'eau. La dose d'ailleurs dépendra du climat du lieu, et ce sera au jardinier d'en juger.

BEGONIA REX
Var. Isis

XII

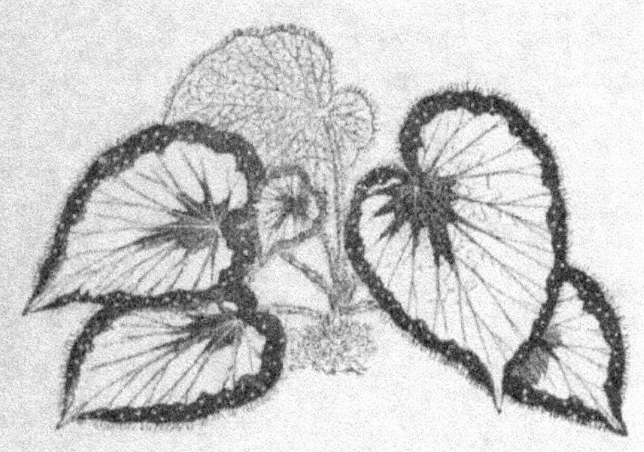

BEGONIA REX. Var. ISIS

(BÉGONIACÉES. — Pl. 12.)

Admirable variété de ce splendide Begonia Rex dont nous avons parlé plus haut avec quelque détail. Elle provient d'un semis de graines de ce dernier, obtenues par MM. Rollisson, de Tooting, qui sont aujourd'hui les plus grands propagateurs de ce beau genre.

On voit par la planche ci-jointe en quoi cette variété diffère du type. La zone blanche s'est considérablement élargie, surtout aux dépens de la partie verte centrale, qui se trouve ici réduite à une sorte d'étoile irrégulière à neuf branches ; mais en s'élargissant elle a pris une teinte à reflets métalliques, cendrés-verts, du plus charmant effet. La bordure qui suit le contour du limbe est d'un vert bronzé, et elle est elle-même mouchetée de macules argentées. Le dessous de la feuille, ainsi que le pétiole, est rose carmin.

Pour la culture et la propagation, nous renvoyons le lecteur à l'article du Begonia Rex, n° 9.

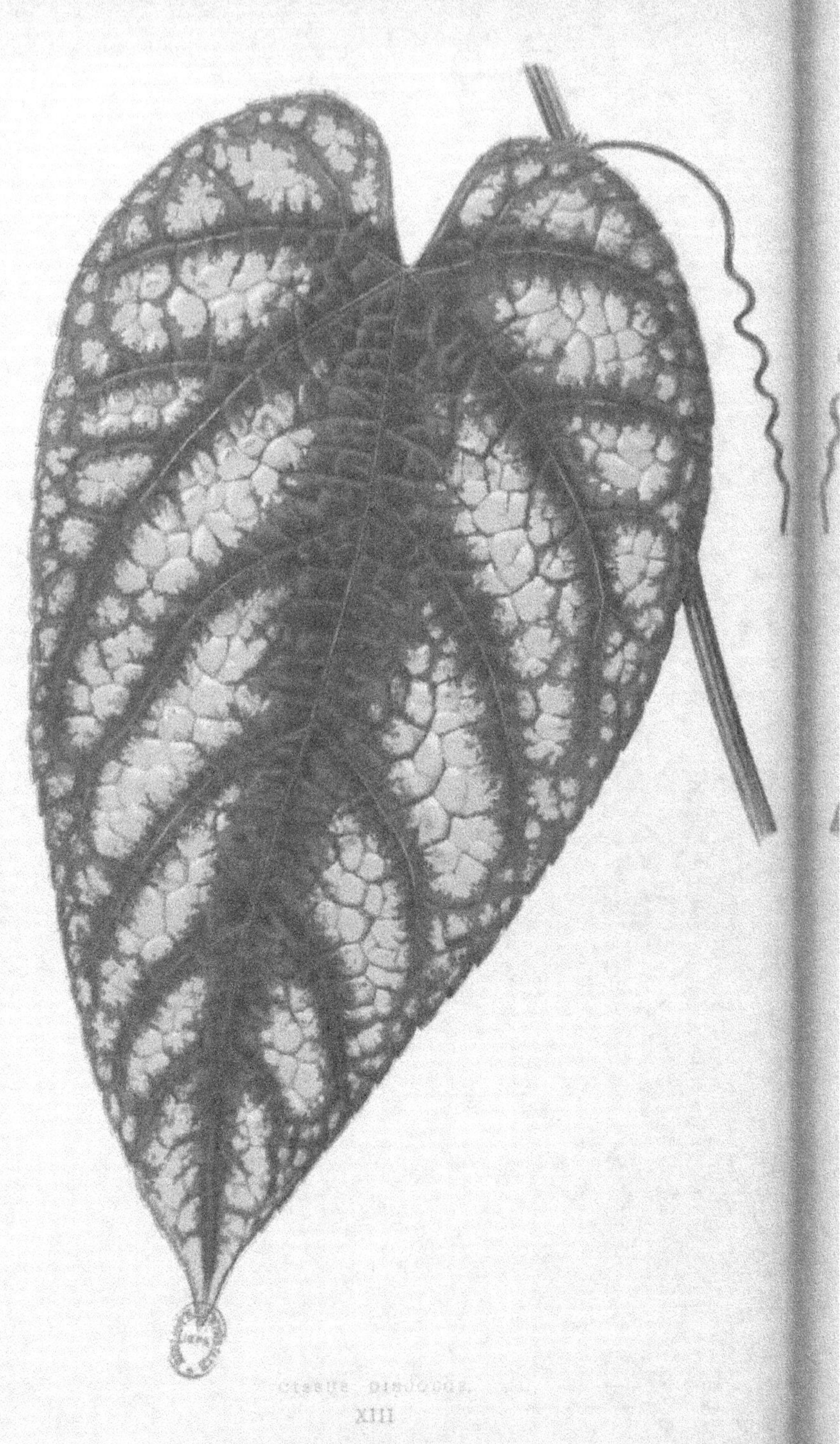

CISSUS DISCOLOR.

XIII

CISSUS DISCOLOR

(Ampélidées — Pl. 13.)

Cette superbe liane, qui représente dans les ombreuses forêts de l'île de Java notre vigne d'Europe, est pour ainsi dire trop connue pour qu'il soit nécessaire d'en faire ici la description. On la trouve dans presque toutes les serres chaudes, dont elle est un des plus beaux ornements, non par ses fleurs, qui sont rares et d'ailleurs insignifiantes, mais par le magnifique feuillage dont notre figure coloriée donne une image assez fidèle.

Son introduction en Europe ne remonte guère qu'à une quinzaine d'années, et c'est aux Hollandais que nous en sommes redevables. MM. Rollisson l'ont importée en Angleterre en 1851, et, de là, elle s'est largement répandue dans les serres chaudes du continent.

Ses feuilles, longuement cordiformes et acuminées, ont de 15 à 20 centimètres de longueur, sur 8 à 12 de largeur. Leur coloris varie assez sensiblement d'un individu à un autre, et tous ne sont pas également beaux sous ce rapport. Ceux qu'on peut considérer comme supérieurs à tous les autres ont les feuilles marbrées de blanc pur, sur fond vert lustré ou carmin obscur; l'essentiel est que les diverses teintes de la feuille contrastent vivement ensemble. Il y a donc ici un choix à faire.

La plante, avons-nous dit, est une liane dont les longs sarments grimpent promptement jusqu'au sommet des serres les plus élevées, lorsqu'elles trouvent des objets auxquels elles puissent s'accrocher. C'est au jardinier de la diriger dans sa course désordonnée et de l'harmoniser avec son entourage. Des treillis de bois ou mieux de fil de fer de diverses formes, ou de simples cordons horizontaux, sont les soutiens ordinaires qu'on lui donne; mais si la serre est soutenue par des colonnes, on en profite pour l'y attacher en compagnie d'autres plantes grimpantes. Avec un peu d'adresse, on en obtient les plus charmants effets.

Sous notre ciel septentrional, la vigne de Java est nécessairement de serre chaude; elle demande, en été, une température de 22 à 30°, en hiver, de 18 à 20. Ajoutons qu'elle aime la demi-ombre, et que les rayons directs du soleil font pâlir les teintes de son feuillage. Il faut éviter aussi d'en mouiller les feuilles, qui perdent, par le contact avec l'eau, leur lustre métallique. Un compost de bonne terre argileuse, de terre de bruyère et de terreau de feuilles ou de couches bien décomposé, le tout par parties égales, est la terre qui lui convient le mieux, au moins dans nos serres. On la met ordinairement en pleine terre dans les bâches de la serre; mais on peut aussi la cultiver en pots, et alors on la fait grimper sur un treillage de fil de fer fait exprès, et auquel on donne ordinairement la forme d'un ballon, qui ne présente bientôt plus qu'une masse arrondie de feuillage coloré.

La multiplication est facile par voie de boutures. On y emploie les sommités des rameaux, qu'on tranche net au milieu d'un nœud. Les pots ou terrines, drainés avec le plus grand soin, sont remplis de terre de bruyère, avec ou sans addition de sable par dessus; on y pique les rameaux détachés, et on couvre d'une cloche après avoir mouillé la terre. Le vase est ensuite enterré dans la tannée, chauffée à 25 ou 27°, et recouverte d'une toile ou d'une feuille de papier. Les jeunes plantes reprises, on les empote séparément, comme nous l'avons dit en parlant de la multiplication des Bégonias. On pourrait résumer en quelques mots tout le traitement qui convient au CISSUS DISCOLOR, en disant qu'il est le même que celui qu'on applique aux fougères de serre chaude, c'est-à-dire forte chaleur, humidité constante de l'air et local ombragé.

DIEFFENBACHIA SEGUINA

Var. Maculata.

XIV

DIFFENBACHIA SEGUINE

Cette jolie aroïdée, qui va ouvrir la marche à une brillante tribu de plantes à feuillage coloré, nous vient, comme la plupart de ces dernières, de la région équatoriale de l'Amérique du Sud. Son introduction en Europe remonte à l'année 1830.

C'est une herbe à tige dressée, pouvant s'élever à 1 mètre et plus, dont les longues feuilles ovales et lisses sont marbrées de macules blanches, de toutes formes et de toutes grandeurs, sur un fond vert clair. Cette brève description, aidée de la figure ci-jointe, suffit pour donner une idée de l'effet qu'elle produit dans une serre, et du rang qu'elle occupe dans la légion des feuillages panachés. Inutile de dire qu'elle est de serre chaude.

Sa culture n'offre pas de difficulté, lorsqu'on peut lui procurer, pendant le temps de sa végétation, une température de 24 à 26° centigrades, avec une atmosphère un peu humide.

Notons cependant qu'elle ne doit pas être éloignée du vitrage de la serre, si on veut que ses couleurs soient vives et tranchées. Une bonne terre argileuse, mélangée par parties égales de sable fin et de terreau de feuilles décomposé, est le meilleur compost qu'on puisse lui procurer. On peut y ajouter de petits fragments de charbon. Il est bon d'éviter de mouiller les feuilles en arrosant, et cela est surtout essentiel en hiver; il suffit, en effet, dans cette saison, qu'elles soient mouillées pour qu'on les voie jaunir et tomber prématurément. Les empotages se font au printemps, en pots drainés comme il convient.

La multiplication se fait de boutures, prises sur les rameaux d'une vieille plante. On les met séparément dans des petits pots remplis de terre de bruyère ou de sable et bien drainés, qu'on recouvre d'un verre à boire ou d'une petite cloche, après avoir mouillé la terre. Ces pots sont enterrés dans la tannée ou le lit de sable chauffé par les tuyaux du thermosiphon au degré convenable. En quelques semaines les plantes sont enracinées, et il convient alors de les empoter dans des pots plus grands, remplis du compost ci-dessus indiqué. Dès qu'elles sont reprises, on donne graduellement accès à l'air et à la lumière, comme nous l'avons déjà dit pour d'autres plantes. Lorsque les jeunes sujets ont cinq à six feuilles, on pince leur sommité pour les obliger à se ramifier; sans cette précaution, ils croîtraient sur une seule tige élancée et grêle, d'un faible effet ornemental.

BEGONIA REX.

Var. Nebulosa.

XV

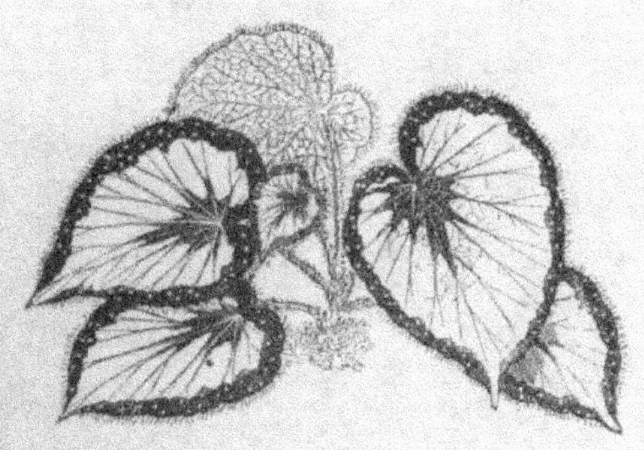

BEGONIA REX. Var. NEBULOSA

(Bégoniacées. — Pl. 15.)

Encore un de ces beaux enfants du Begonia Rex ! Il a été obtenu de semis, en 1858, par les grands propagateurs de ces plantes, MM. Rollisson père et fils, de Tooting. Aujourd'hui on le trouve dans toutes les serres de l'Europe.

Ici, la zône blanche se trouve morcelée en grandes macules, ce qui permet à l'étoile verte du centre d'étendre ses branches jusqu'à la lisière de même teinte qui circule le long du bord de la feuille, mais les places vertes sont elles-mêmes mouchetées de points blancs. Les taches blanches, à leur tour, sont piquetées de poils rouge carmin, couleur qui domine en dessous, et qui déteint même en une étroite margination tout au bord du limbe. Les nervures de la face supérieure participent aussi à cette teinte carminée.

Inutile de redire ici ce qui a été expliqué à l'article du Begonia Rex, relativement à la culture et à la multiplication.

SONERILA MARGARITACEA

XVI

SONERILA MARGARITACEA

(Mélastomacées. — Pl. 16.)

Vraie miniature, mais qui est d'un grand effet dans la serre par ses feuillages colorés. Des perles d'un blanc de neige alignées sur un fond vert foncé, avec la régularité des mouchetures de la panthère, sont une rareté dans le monde des fleurs; le port est aussi d'une exquise élégance.

Cette charmante Mélastomacée, qui sous sa petite taille (elle n'a guère que 50 à 60 centimètres de hauteur) forme cependant de fortes touffes, est originaire de Java. Cela revient à dire qu'elle veut en été une chaleur de 20 à 28 degrés; l'hiver elle se contente de 15 à 18. Son introduction en Europe ne remonte qu'à 1848.

Outre ses jolies feuilles, elle donne avec profusion des fleurs lilas qui ne sont pas non plus sans mérite. Ces fleurs présentent un caractère rare chez les plantes dicotylédones, celui d'avoir une corolle régulière à trois pétales, alternant avec trois étamines. On sait que le nombre trois, dans les pièces de la fleur, est un caractère presque universel des monocotylédones.

La multiplication se fait de boutures, au printemps. Les

rameaux à bouturer doivent être coupés courts, c'est-à-dire n'avoir pas plus de deux à trois nœuds ; on enlève les deux feuilles inférieures, et on plante dans le sable humide, le pot étant ensuite couvert d'une cloche et plongé dans la tannée. On ombrage contre les rayons du soleil, et on a soin d'essuyer de temps en temps l'humidité qui se condense à l'intérieur sur les parois de la cloche, parce qu'en tombant en gouttelettes sur les feuilles des boutures, ou simplement en rendant la petite atmosphère confinée autour d'elles trop humide, elle fait jaunir les plantes et les expose à pourrir. Dès que les boutures sont reprises, on les empote dans de nouveaux pots, remplis d'un compost de terreau de feuilles décomposé et de terre sableuse, on les couvre d'une cloche et on les met à l'ombre, en ayant soin de les habituer graduellement à supporter le contact de l'air et la lumière.

En mars, il faut rempoter dans des pots plus grands, c'est-à-dire proportionnés au volume des plantes, et comme la végétation marche alors avec rapidité, on fait un troisième rempotage en juin. Arrosez alors modérément, mais tenez les plantes dans une atmosphère constamment humide. Quand la floraison sera aux trois quarts passée, enlevez toutes les fleurs, y compris les boutons, parce que l'excès de floraison aurait pour effet certain d'épuiser la plante. Cependant, si vous avez eu soin de féconder adroitement quelques-unes de ces fleurs avec le pollen de leurs étamines, et que vous ayez réussi à faire nouer des fruits, conservez ces derniers pour en récolter les graines. Au moment de la plus grande lumière solaire, il faut tenir vos plantes dans un endroit ombragé, c'est-à-dire ne recevant que de la lumière diffuse. Le SONERILA MARGARITACEA, en bonnes conditions de chaleur et d'humidité, croît avec une certaine vigueur ; en deux ans de temps il peut former une touffe de 60 à 70 centimètres de diamètre en tout sens.

En hiver, donnez très-peu d'eau aux plantes, et le plus de lumière possible. Quand le soleil brillera, dans cette triste saison, exposez-les à ses rayons directs, en ayant soin de les retourner de temps en temps, pour que toutes les feuilles jouissent également des bons effets de cette lumière.

MARANTA WARSCEWICZII

XVII

MARANTA WARSCEWICZII

(MARANTACÉES. — PL. 17.)

Originaire de l'Amérique centrale, d'où il a été introduit en Europe, en 1854, par le voyageur Warscewicz.

C'est une forte plante herbacée de serre chaude, dont la tige s'élève à 30 ou 40 centimètres, et qui produit une abondante provision de feuilles, longues de 50 à 60 centimètres, sur 15 à 18 de large. Ces feuilles sont lisses, luisantes, d'un vert foncé en dessus, avec une double rangée de macules vert pâle, confluentes le long de la nervure médiane, et représentant, dans leur ensemble, une plume à barbes déchiquetées. Le dessous est uniformément carmin obscur. Au total c'est une très-belle plante d'ornement, qui fait un digne pendant aux autres espèces du même genre.

Sa culture n'offre pas plus de difficulté que celle du CALATHEA ZEBRINA dont il a été question plus haut. Elle se résume comme il suit: température estivale : 18 à 25 degrés ; température hivernale : 14 à 15 ; compost formé par portions égales de terre franche ou limoneuse, de terre de bruyère, de terreau végétal et de fumier

de vache bien consommé. On peut ajouter au mélange des fragments de charbon. Drainage parfait du pot.

La multiplication se fait à l'aide des turions qu'on détache du
pied. On les plante dans des petits pots remplis du compost ci-
dessus ou simplement de terre de bruyère ; on les recouvre d'une
cloche et on les enterre dans la tannée chaude. La reprise faite,
on les empote dans des pots plus grands, et on les habitue graduellement à l'air et à la lumière. Arrosages copieux en été,
pendant la végétation de la plante, très-modérés en hiver.

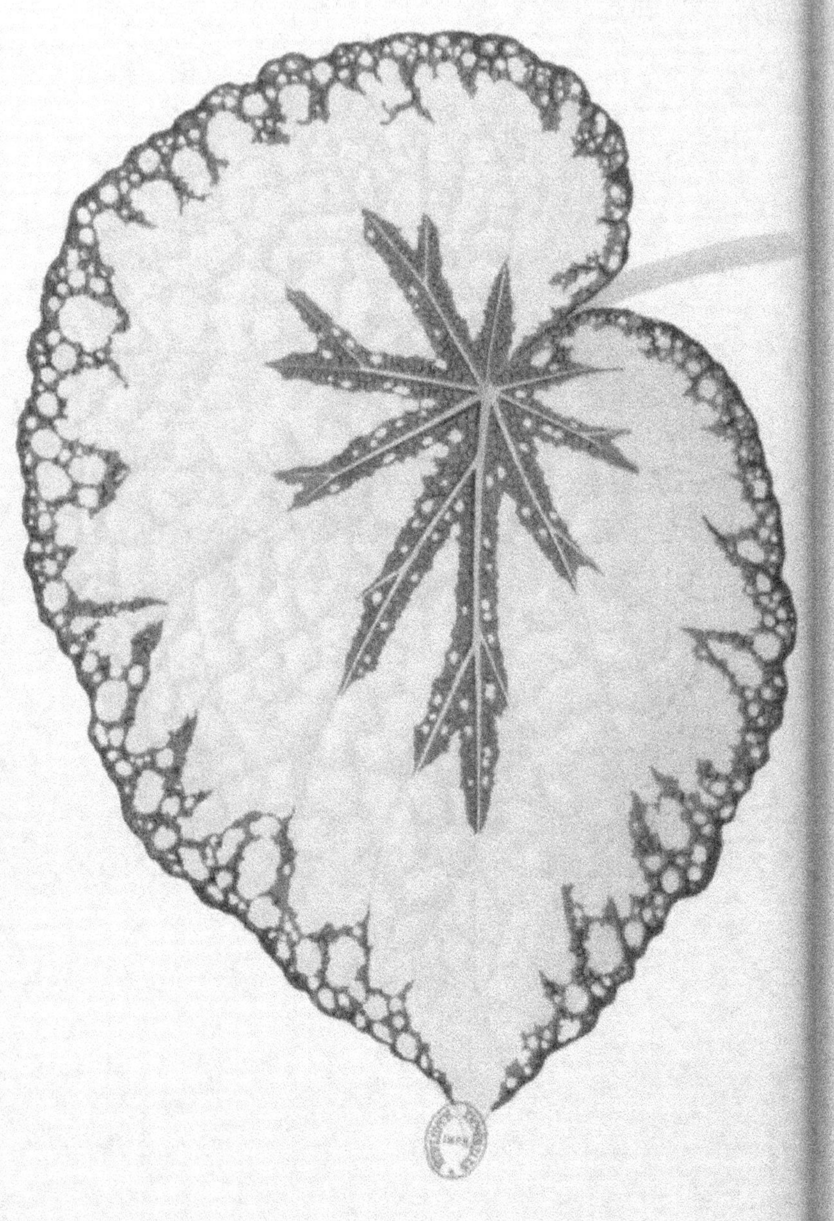

SEGONIA MARSHALLII.

XVIII

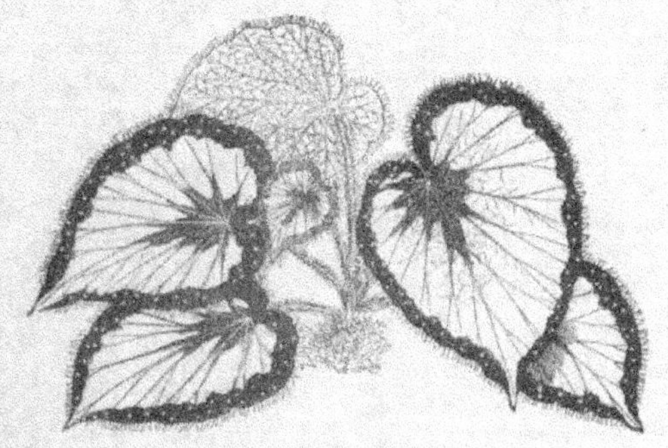

BEGONIA MARSHALLII

(BÉGONIACÉES. — PL. 18.)

Encore un splendide Bégonia! mais celui-ci n'est plus de race
pure : c'est un hybride issu du BEGONIA REX fécondé par le pollen
du B. SPLENDIDA ARGENTEA. Il provient des semis de M. R. Franklin,
jardinier de M. James Garth Marshall, de Leeds, qui lui a donné
son nom.

D'après M. Fish, célèbre amateur anglais, le BEGONIA MARSHALLII
serait le plus beau des hybrides produits par le BEGONIA REX ; il
passerait, sous ce rapport, avant le B. REX lui-même et avant sa
variété GRANDIS.

Les feuilles ont 18 à 20 centimètres de long, sur 14 à 15 de
large. Une large zône argentée, à contours irréguliers, occupe
la plus grande partie du limbe, laissant au centre une étoile
bronzée à branches très-inégales, et en dehors une bande margi-
nale de même couleur, mouchetée, comme l'étoile elle-même,
de marbrures blanches. Le dessous du limbe est rose carmin ;
le pétiole, qui est de même nuance, est long de 30 à 35 centimètres, et hérissé çà et là de longs poils blancs.

La culture et la multiplication de ce bel hybride étant identiques à celles du B. REX, nous renverrons simplement le lecteur à ce dernier.

Faisons remarquer, en passant, que l'hybridité offre à l'amateur une source inépuisable d'acquisitions nouvelles, et qu'en combinant avec art les espèces, on a chance d'obtenir des produits qui leur sont supérieurs en beauté. L'hybride dont il es question ici en est une preuve saisissante.

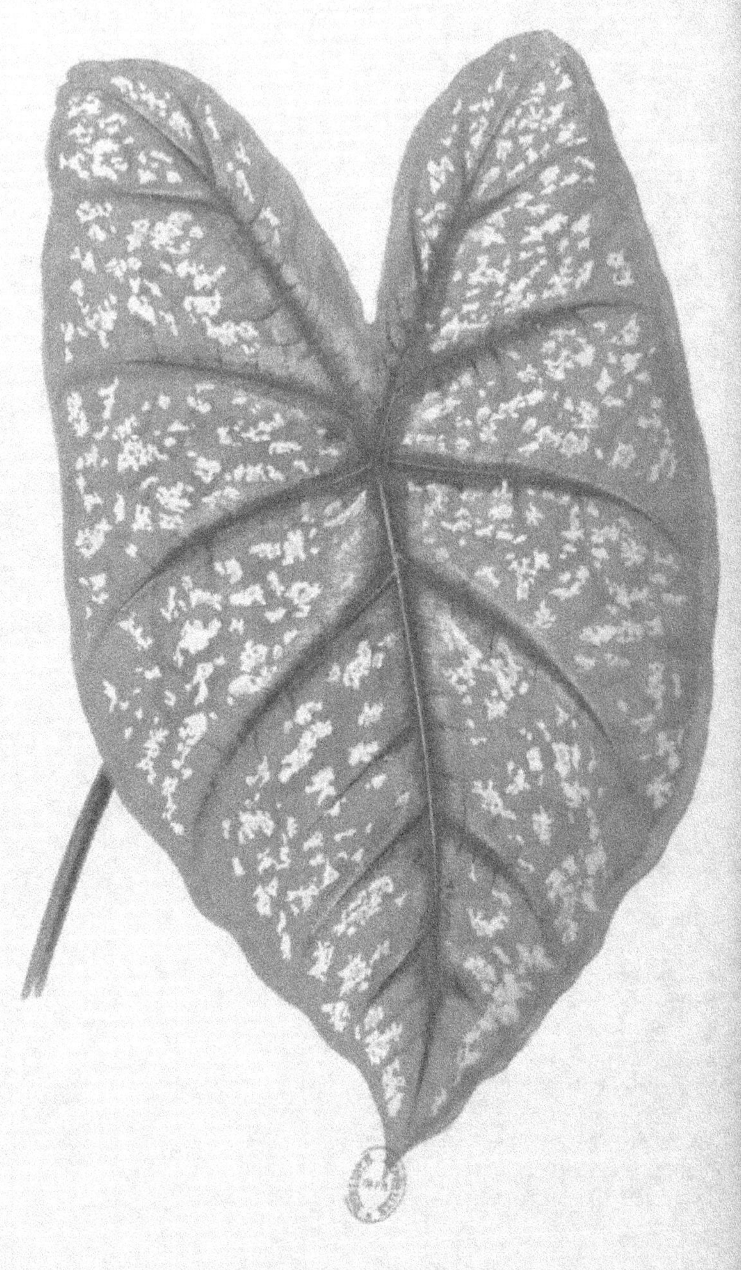

CALADIUM CHANTINI

XIX

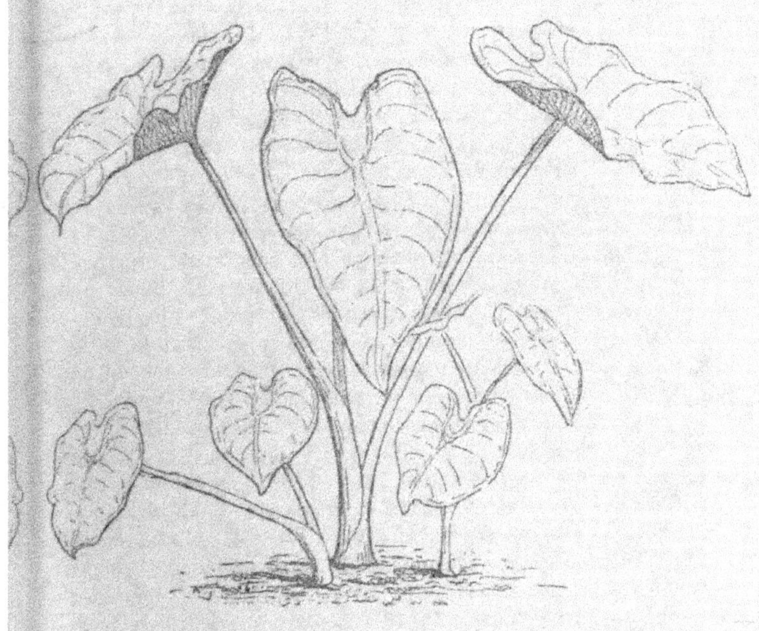

CALADIUM CHANTINI

Cette charmante aroïdée rappelle le nom de son introducteur,
M. Chantin, horticulteur parisien, à qui le jardinage d'agrément
est redevable de beaucoup de plantes rares. Elle est originaire
des bords de l'Amazone, dans l'Amérique du Sud, et ne date,
chez nous, que de l'année 1857. On comprend sans peine qu'elle
appartient à la serre chaude.

C'est une forte plante, à racines tuberculeuses, dont les
feuilles sont en fer de lance ou de flèche un peu large. Elles ont
en moyenne 40 centimètres de long, sur 22 à 25 de large, et
sont par conséquent beaucoup plus grandes que le format de
notre planche n'a permis de les représenter. Mais si cette plan-

che est infidèle par les proportions, elle est très-exacte pour le
coloris. On y voit que, sur le fond vert clair de la feuille, se détachent des bandes du plus riche carmin, qui suivent les nervures principales, et qu'entre ces bandes le fond est encore
constellé de macules blanches, souvent elles-mêmes pointillées
de rouge. Ces feuilles sont donc littéralement tricolores.

La vase de rivière, ou, à son défaut, de la bonne terre ordinaire un peu argileuse, de la terre de bruyère, du terreau de
feuilles et du fumier de vache consommé, mêlés par parties
égales et additionnés d'un peu de sable, constitueront un bon
compost pour cette plante, comme d'ailleurs pour toutes les
aroïdées exotiques. Ceci fait, observez au printemps les tubercules, et, dès qu'il s'y manifeste quelque mouvement de végétation, préparez-vous au rempotage. On enlève les tubercules
de leur pot, et on en fait tomber toute la terre avec les doigts,
en faisant attention à ne pas endommager les racines ni les
pousses commençantes; on enlève les racines mortes s'il s'en
trouve, ainsi que les restes des tiges de l'année précédente, etc.
Si quelque partie du tubercule était pourrie ou malade, on la
retrancherait par une section bien nette faite dans le vif, et on
saupoudrerait la plaie avec un peu de chaux en poudre. Drainez
fortement le nouveau pot que vous destinez à votre plante;
remplissez-le aux deux tiers ou aux trois quarts avec le compost susindiqué et placez-y le tubercule, n'ajoutant de terre
que strictement ce qu'il faut pour le recouvrir, après quoi
donnez un léger arrosage pour tasser la terre, et portez le tout
sur la tannée chaude. Lorsque les feuilles commenceront à se
montrer, donnez un nouvel arrosage, mais modéré, et à mesure
que la plante fera des progrès, vous augmenterez graduellement
la quantité d'eau. Si vous avez eu soin d'ajouter un peu de
charbon au compost, les couleurs des feuilles en seront considérablement avivées. En automne, ralentissez insensiblement
les arrosages, et supprimez-les tout à fait quand les feuilles
seront flétries.

La multiplication est on ne peut plus facile. Elle se fait au
moyen des turions qui sortent des anciens pieds. On les prend
jeunes, et on les empote dans du sable presque pur; mais lorsqu'ils sont enracinés, on les met dans le compost indiqué plus
haut. Les arrosages à l'engrais liquide activeront notablement
leur croissance.

MARANTA REGALIS.

XX

MARANTA REGALIS

(MARANTACÉES. — PL. 20.)

Le Maranta royal! Voilà un nom assurément bien appliqué, si on veut dire que la plante est digne d'orner les serres d'un roi. Il suffit de jeter les yeux sur notre planche coloriée pour se convaincre que la qualification n'est pas usurpée.

Comme beaucoup de ses congénères, le Maranta royal nous vient de l'Amérique équatoriale; c'est en 1854 qu'il a fait sa première apparition en Angleterre, d'où il s'est bientôt répandu dans les serres du continent.

Sa tige s'élève à 30 ou 35 centimètres. Ses feuilles, de forme ovale-oblongue, ont de 20 à 24 centimètres de longueur, sur 6 à 8 de large; elles sont carmin obscur en dessous, vertes en dessus, avec deux bandes rose carmin, parallèles, obliques, se répétant dans tous les intervalles des nervures. Lorsque les feuilles commencent à vieillir, ces lignes colorées passent insensiblement au blanc. Une seule plante peut porter à la fois douze à quinze de ces feuilles. C'est, à tous les points de vue, une superbe acquisition.

Cette plante, comme d'ailleurs la plupart des marantacées, se plaît dans un sol composé, par parties égales, de terre franche ou de limon de rivière, de sable et de terreau de feuilles, additionné de quelques fragments de charbon de bois. On doit éviter de la cultiver en pots trop grands, parce que, prenant trop de force, elle perdrait de la vivacité de ses teintes. On doit, par la même raison, ne pas l'exposer aux rayons directs du soleil, qui altérerait le ton de ses bandes carminées, et les ferait trop vite tourner au blanc. La température doit être, en été, de 20 à 25° centigrades, en hiver de 15 à 18. Inutile de répéter que les pots doivent être drainés avec soin, et qu'on n'arrose fortement que pendant la période de végétation.

La multiplication se fait à l'aide des rejets du pied, qu'on éclate en autant de fragments qu'on peut en obtenir ayant des racines. On les met dans des petits pots remplis de terre de bruyère ou de sable, on les couvre d'une cloche après les avoir arrosés, et on les chauffe, dans la bâche de la serre, à 24 ou 25°. On a soin aussi de les ombrager pendant une quinzaine de jours, temps suffisant pour leur reprise. On les découvre alors graduellement, et on les empote dans de nouveaux pots. A partir de ce moment, on les traite comme des plantes faites.

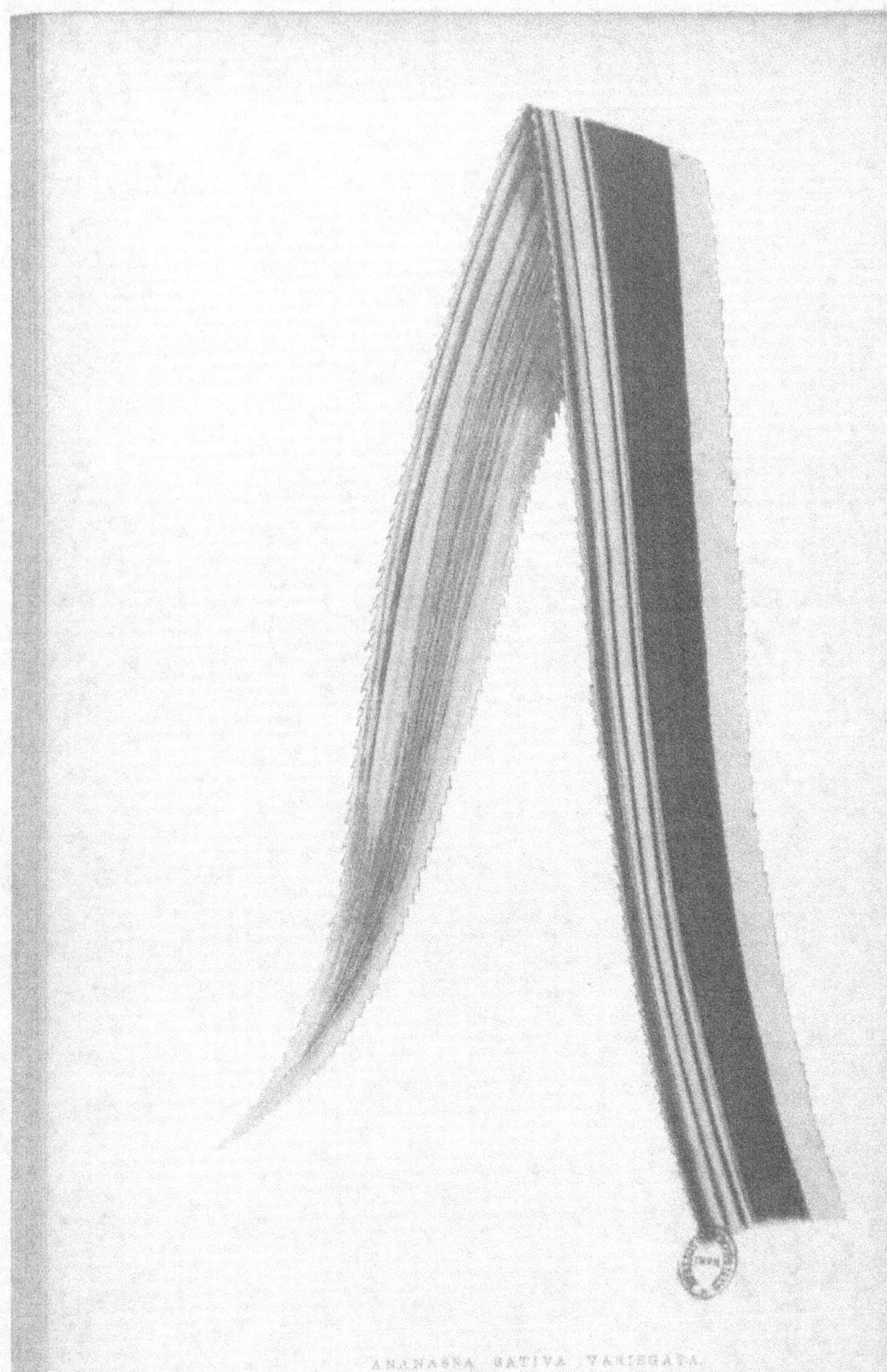

ANANASSA SATIVA VARIEGATA.

XXI.

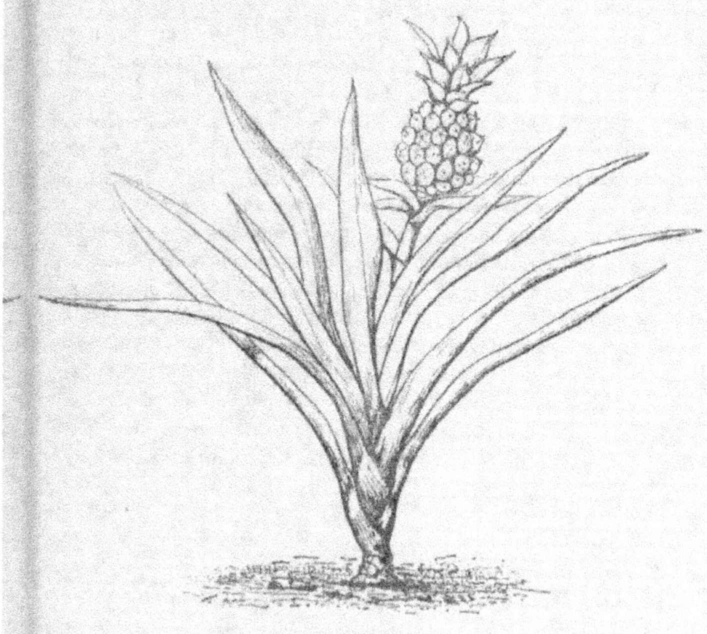

L'ANANAS A FEUILLES PANACHÉES

C'est en 1715, à Richmond, près de Londres, chez sir Matthew Dickson, que l'Ananas fructifia pour la première fois en Angleterre, bien qu'il eût été déjà introduit dans ce pays dès 1690. Tout le monde sait quels progrès extraordinaires a faits sa culture depuis cette époque. Aujourd'hui on connaît, en Europe seulement, plus de trente variétés d'Ananas, dont, il est vrai, il n'y a guère que le tiers qui mérite d'être cultivé comme plantes à fruits. Il serait hors de propos de les mentionner ici.

La jolie variété panachée, dont la figure ci-jointe représente une feuille, paraît déjà assez ancienne, mais on ne sait si elle s'est produite spontanément dans une serre d'Europe, ou si elle a été importée directement d'Amérique. Comme toutes les autres variétés de la même espèce, elle demande la serre chaude avec une chaleur estivale de 20 à 27 degrés en été, chaleur qui doit descendre, en hiver, à 15 ou 18. Un coup d'œil jeté sur la figure suffit pour faire reconnaître que la panachure, qui, ici, n'est point naturelle, mais le fait de l'affaiblissement de la constitution, consiste en bandes longitudinales d'un blanc jaunâtre, alternant avec des bandes d'un vert à peu près normal.

Faites un compost avec deux tiers de bonne terre substantielle de jardin, un demi-tiers de fumier de vache décomposé, et un autre demi-tiers de terreau de feuilles, le tout additionné d'une petite dose de terre de bruyère, qui contribuera, on le croit du moins, à conserver les teintes du feuillage, et même à les aviver. Drainez fortement le pot, et, au-dessus du drainage, étendez une couche de fragments de charbon. L'empotage se fait en mars, mais pour avoir la plante tout à fait belle, il est bon de faire un second empotage en août avec renouvellement de la terre.

De même que les variétés communes d'Ananas, celle-ci se propage par les drageons qui naissent de l'aisselle des feuilles inférieures. Lorsqu'elles sont bien formées, on les éclate du pied de la plante ; on laisse ressuyer pendant vingt-quatre heures la plaie qui résulte de la séparation, après quoi on les plante en pots, dans le compost indiqué ci-dessus, et on les enterre dans la tannée chaude. On se contente de mouiller la terre au moment de la plantation, et pendant huit ou dix jours on n'arrose plus, ou seulement ce qu'il faut pour tenir la terre humide. Quand la reprise est faite, ce qui s'annonce par l'accroissement sensible des feuilles du cœur, on donne graduellement un peu plus d'eau, au fur et à mesure des progrès de la jeune plante.

Cette variété, quoique de faible constitution, donne cependant un fruit, mais qui est toujours de qualité très-inférieure. Toutefois, au-dessus de ce fruit, il y a une couronne qui vaut la peine d'être conservée. On la détache de l'axe du fruit et on la plante comme bouture. En général, elle forme une très-belle plante.

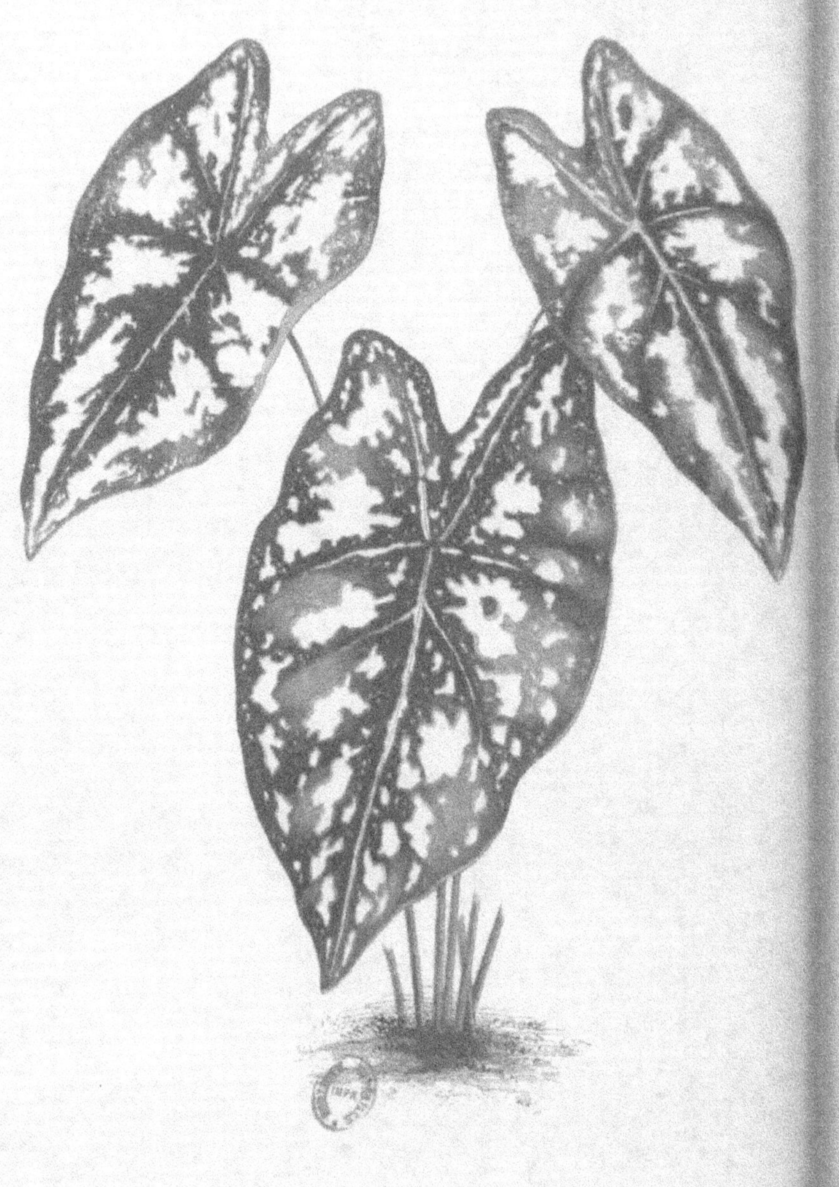

CALADIUM ARGYRITES.

XXII

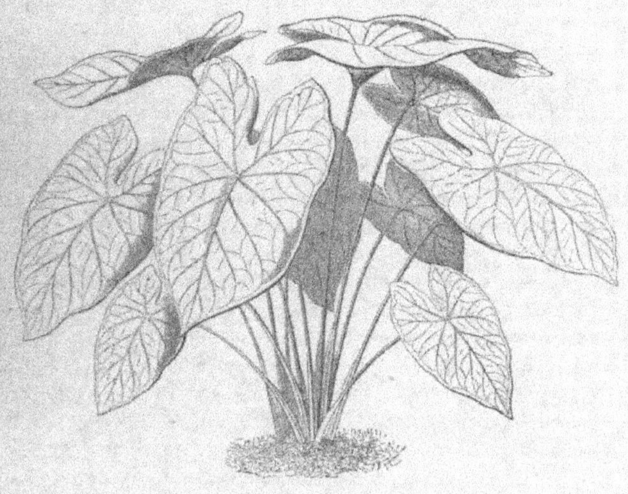

CALADIUM ARGYRITES

Originaire de la région de l'Amazone, comme beaucoup d'autres espèces du même genre, cette charmante petite Aroïdée a été mise dans le commerce en 1857 par M. Chantin, horticulteur parisien.

Elle est de serre chaude et vivace. Ses feuilles, en forme de flèche, ont à peine plus d'un décimètre de long, sur cinq à six centimètres de large. Ainsi que le montre notre figure coloriée, elles sont délicieusement marbrées de blanc sur fond vert; on distingue même dans la couleur de ce fond des nuances plus claires et plus foncées, comme si certaines macules étaient encore à l'état rudimentaire. Il serait superflu d'en dire davantage pour faire ressortir les beautés de la plante.

La terre de bruyère, le terreau de feuilles bien consommé et la vase de rivière, par parties égales, formeront un bon compost pour cette espèce, comme pour la plupart des Aroïdées que l'on doit cultiver en pots. Ce qui est essentiel, c'est que la terre employée soit très-perméable, et que les pots soient bien drainés par un lit épais de tessons.

Vers le commencement de mars, on examine l'état dans lequel se trouve le tubercule; à la première apparence de végétation, on le dépote et on enlève soigneusement toute la terre qui y est adhérente; s'il se trouve des racines mortes ou malades, on les retranche avec la serpette. Si même quelques parties du tubercule étaient pourries, on les enlèverait de même par une section faite dans le vif, et on recouvrirait la plaie d'un peu de chaux en poudre. Ceci fait, on empote la plante dans un nouveau pot, plus grand que le premier s'il y a lieu. On tasse un peu la terre du compost autour du tubercule, dont le sommet doit affleurer le niveau de la terre, ou en être à peine recouvert, et on enterre le pot, jusque près du bord, dans la couche de tan chauffée à 16 ou 18 degrés. On donne en même temps un léger bassinage, pour tasser la terre. Lorsque les feuilles commenceront à pousser, arrosez de nouveau, mais très-modérément, avec de l'eau qui soit à la température du local, puis vous en augmenterez progressivement la dose, à mesure que la végétation avancera. Il serait utile de recouvrir le pot d'une cloche de verre pendant les premiers jours; dans tous les cas, si on en fait usage, on ne devra pas l'enlever tout à coup, mais préparer graduellement la plante à supporter le contact de l'air. La plante arrivée à toute sa croissance atteint rarement à 30 centimètres de hauteur.

En automne, aux premiers signes de décadence de la végétation, il faudra réduire la quantité des arrosages, et bientôt même ne plus arroser que juste assez pour tenir la terre légèrement humide, et maintenir les tubercules pleins et fermes. Par une dessiccation trop forte de la terre, ils perdraient leur eau de végétation, se rideraient et finiraient par périr avant le printemps.

La multiplication se fait comme nous l'avons indiqué en parlant du CALADIUM CHANTINI, à l'aide des turions ou rejets, qu'on détache du pied-mère, et qu'on plante dans des petits pots, placés sur la tannée chaude. Lorsque ces boutures sont enracinées, on les empote dans des pots plus grands, et on les met au régime des plantes adultes.

MARANTA FASCIATA.

XXIII

MARANTA FASCIATA

(Marantacées. — Pl. 23.)

Cette belle plante, également remarquable par sa forte taille,
par la forme insolite de ses feuilles et par ses grandes macules
presque blanches sur fond vert foncé, est indigène du Brésil,
d'où elle a été rapportée en 1857, par M. Linden, de Bruxelles.
Elle appartient à la serre chaude sous nos climats du Nord,
mais il est vraisemblable qu'elle réussirait en pleine terre dans
les parties chaudes du midi de l'Europe, moyennant de légers
abris pendant l'hiver. L'exactitude de la figure coloriée ci-jointe
nous dispense d'en donner une description plus détaillée, et
nous reproduisons, comme aspect d'ensemble, le port du MARANTA
REGALIS, quoique la forme des feuilles soit plus arrondie.

23 à 26 degrés de chaleur en été, 18 à 22 en hiver, semblent
la température la plus convenable, dans nos serres au moins,
où la plante n'est pas endurcie par le contact de l'air extérieur.
On ne peut douter que, mise en pleine terre dans une localité

où le climat le permettrait, elle ne puisse endurer momentanément des températures notablement plus hautes et plus basses.
Elle réussit très-bien dans un compost formé, par portions égales, de terre franche ou de vase de rivière, de terre siliceuse et
de terreau de feuilles décomposé, à quoi on peut ajouter des
fragments de charbon, qui ont la propriété d'aviver les couleurs
du feuillage. On empote en mars, dans des pots parfaitement
drainés, et on arrose abondamment pendant la période de végétation, très-peu, au contraire, pendant l'hiver.

La multiplication se fait par éclats du pied, ou, si l'on veut,
par les pousses latérales qui en sortent, et qu'on bouture dans
des pots remplis de terre de bruyère et bien drainés, tenus sur la
tannée ou dans une bâche chauffée à 23 degrés. On couvre d'une
cloche, dont on a soin d'essuyer de temps à autre le verre à
l'intérieur, pour que l'humidité ne fasse pas pourrir les boutures. Il est essentiel aussi d'ombrer les cloches, de manière à ce
qu'il n'y entre que de la lumière diffuse. Les rayons directs du
soleil seraient mortels aux jeunes plantes tant qu'elles ne sont
que faiblement enracinées. On les rempote en pots plus grands
lorsqu'elles sont reprises, et, tout en suivant les prescriptions
que nous venons d'indiquer, on les habitue graduellement au
contact de l'air et à la lumière.

Nous ne devons pas dissimuler que la plante est un peu difficile à multiplier par ce moyen, qui est d'ailleurs le seul possible aujourd'hui. On triomphe cependant de toutes les difficultés, si on veille attentivement à ce qu'elle ne soit pas exposée à
plus de lumière qu'elle n'en peut supporter, et si on a soin d'essuyer le verre qui la recouvre, toutes les fois qu'on le trouve
chargé d'humidité.

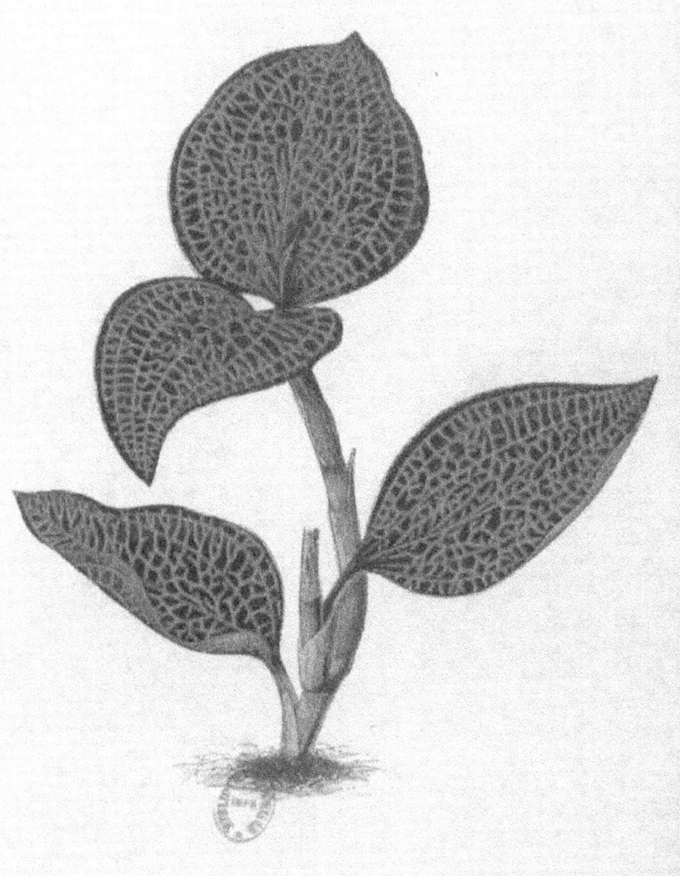

ANŒCTOCHILUS SETACEUS (AUREUS)

XXIV

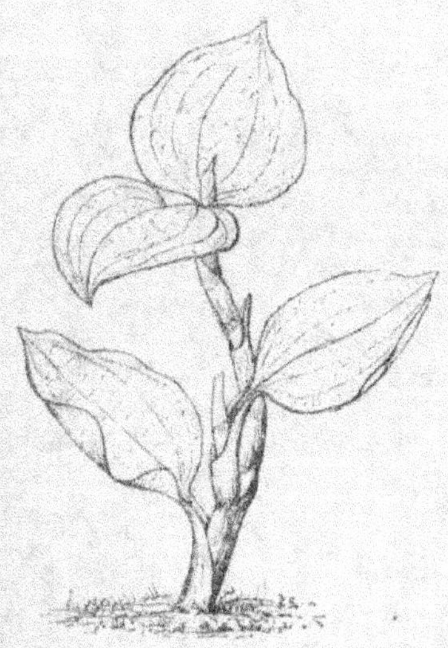

ANŒCTOCHILUS SETACEUS. Var. AUREA

Charmante petite plante de Ceylan, qui a été introduite en 1836 en Angleterre, dans les jardins royaux de Kew.

Ainsi que nous l'avons dit en parlant de l'Anœctochilus xanthophyllus, les fleurs de toutes les espèces du genre sont petites et insignifiantes, quoique extrêmement remarquables par leur structure, mais les feuilles sont singulièrement belles par leur teinte insolite, le réseau de lignes jaunes ou orangées qui les parcourent dans tous les sens, et leur apparence veloutée. Le fond du coloris est un vert brunâtre, à reflets métalliques, qui miroite au soleil, et rien n'est beau comme la fine réticulation de la surface, lorsqu'on l'examine au microscope. Dans cette miniature d'Orchidée tout intéresse, jusqu'à sa taille exiguë, qui

4

permet de la cultiver dans des boites de verre de quelques décimètres carrés de superficie.

Dans son pays natal, l'A. SETACEUS croît sur le terreau végétal qui s'accumule dans les anfractuosités des roches ombragées des bois, ce qui indique déjà les conditions principales de sa culture dans nos serres. Ceux qui l'ont cultivée ont reconnu qu'elle s'accommode, en fait de terrain, des débris à demi consommés de sphagnums, mélangés de petits tessons de poterie et de sable siliceux, le tout couvert d'une cloche ou d'une vitre, et abrité contre les rayons du soleil de midi. D'autres l'élèvent simplement sur du terreau de feuilles mélangé de terre de bruyère, soit à l'air libre de la serre aux Orchidées ou aux Fougères, soit enfermée à part dans une de ces boîtes de verre dont nous venons de parler. Au total, sa culture pourrait se résumer ainsi : Chaleur de 25 à 28° centigrades en été, sol parfaitement drainé, lumière affaiblie, atmosphère humide et tranquille. On doit cependant arroser avec modération, parce que les racines tendres et charnues de la plante pourrissent très-facilement pour peu que l'eau séjourne autour d'elles.

La propagation se fait au moyen de pousses qui sortent du pied, on ne doit les détacher de la plante mère que quand elles ont déjà quelques racines, ce qui donne bien plus de chance à la reprise. On les met isolément dans de tout petits pots, bien drainés, et remplis de terreau de mousse mêlé de sable ou de terre de bruyère très-sablonneuse, qu'on humecte, et on recouvre le tout d'une petite cloche. On empote dans des vases plus grands, après la reprise, et l'on traite dès lors les jeunes plantes comme nous l'avons dit plus haut. En hiver la température ne doit pas descendre, d'une manière continue, au-dessous de 15 à 16 degrés centigrades.

HYDRANGEA JAPONICA VARIEGATA

XXV

HYDRANGEA JAPONICA VARIEGATA

(HYDRANGÉACÉES. — PL. 25.)

Tout le monde connaît l'Hydrangéa ou Hortensia du Japon. On sait que c'est un sous-arbuste, demi-rustique sous nos climats, qui se ramifie à partir de la racine, et qui forme des touffes de 1ᵐ ou plus de hauteur. Son beau et grand feuillage, et surtout ses larges corymbes de fleurs rose-lilas, lui donnent une valeur plus qu'ordinaire pour l'ornementation de nos jardins, et, lorsqu'il est en pots, pour celle des péristyles et des terrasses de nos habitations. On a observé souvent que ses fleurs passent du rose au bleu, ce qui semble tenir à ce que le sol dans lequel plongent ses racines contient des principes ferrugineux.

Une de ses plus remarquables variétés est celle dont le feuillage est panaché de blanc ou de blanc jaunâtre, et qu'on voit ici représentée. Elle a été reçue du Japon, en 1843, par M. Van Houtte, de Gand, qui l'a propagée tant en France et en

Belgique qu'en Angleterre. Nous devons faire observer que ce coloris des feuilles n'est point ici un état naturel pour la plante, mais un état morbide, signe indubitable d'un certain affaiblissement de la constitution, et qui expliquera une particularité de la culture dont il sera question plus loin.

L'Hortensia du Japon résiste assez facilement aux hivers doux du nord de la France, moyennant une couverture de paille ou de feuilles sèches, surtout s'il est adossé à un mur tourné au Midi; il est mieux néanmoins de le cultiver en pots, et de le rentrer l'hiver soit en orangerie, soit dans un appartement, ce qui lui conserve sa verdure. La variété type, non panachée, se plaît dans une terre substantielle et y prend un grand développement, si la température du lieu est suffisante et que les arrosages ne lui soient pas ménagés pendant la période de végétation; mais s'il s'agit de la variété panachée, on la tiendra dans un sol maigre, surtout siliceux, parce que trop richement nourrie, elle perdrait presque entièrement sa panachure. La maigreur du terrain ne doit cependant pas être poussée au point d'arrêter la végétation de la plante; c'est à l'amateur judicieux de savoir reconnaître le point qu'il convient de ne pas dépasser.

On multiplie l'Hortensia de boutures prises sur le jeune bois, en mai ordinairement; ces boutures se plantent dans du sable ou de la terre de bruyère qu'on chauffe modérément et qu'on tient légèrement humide. On a soin aussi de couvrir les boutures d'une cloche, et de les ombrager contre la lumière trop vive. En un mois, et quelquefois moins, elles sont assez reprises pour être empotées séparément. Ainsi que cela se fait pour toutes les plantes qui ont été longtemps enfermées sous cloches ou sous châssis, on ne les découvrira que peu à peu, pour les amener graduellement à supporter l'air et la lumière.

Ajoutons qu'on ne devra pas tenir les jeunes plantes trop longtemps dans les mêmes pots; leur croissance est rapide, et, par conséquent, il faudra les empoter dans des pots de plus en plus grands à mesure qu'elles se développeront, sans jamais attendre qu'elles s'y trouvent à l'étroit. Par des empotages fréquents et faits à propos, on obtient en très-peu de temps des sujets beaux et vigoureux. Si l'on tient à ce que les jeunes plantes forment des touffes épaisses et bien feuillées, on en pincera la sommité au-dessus de la quatrième ou de la cinquième feuille, pour les contraindre à se ramifier.

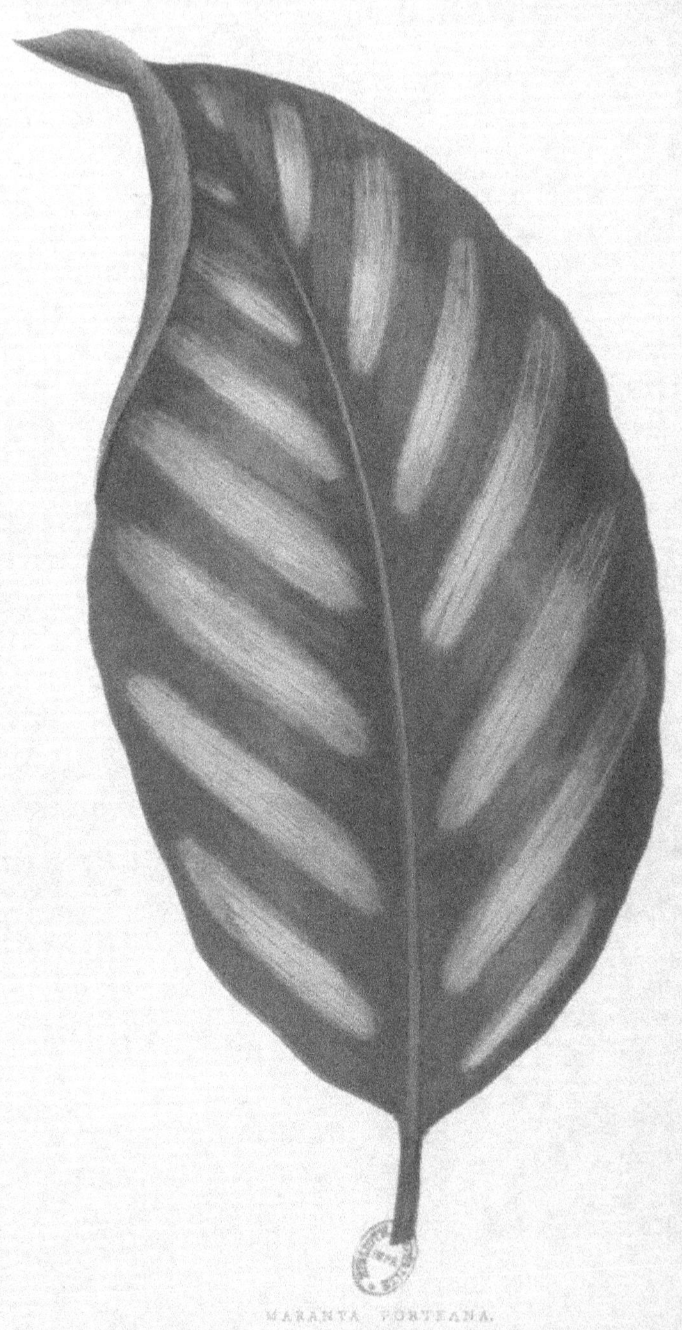

MARANTA PORTEANA.

XXVI

MARANTA PORTEANA

Jolie plante importée du Brésil, en 1858, par M. Linden, horticulteur à Bruxelles, qui l'a reçue de M. Porte, voyageur botaniste bien connu.

Comme toutes ses congénères, elle est vivace et de serre chaude ; elle forme une touffe compacte, d'un bel effet, surtout quand les mouchetures de ses feuilles sont un peu tranchées. Ces feuilles sont en ovale allongé, lisses et luisantes en dessus, d'une belle teinte verte, sur laquelle se détachent des bandes ou macules oblongues d'un blanc grisâtre, qui suivent le fil des nervures latérales. Le dessous de la feuille est uniformément lilas-carmin plus ou moins vif et mêlé de vert.

Même température pour cette plante que pour les autres Marantacées, c'est-à-dire de 20 à 28° centigrades en été, de 15 à 18° en hiver. La terre où on la plantera sera un compost formé par parties égales de terre franche sableuse ou de vase de rivière, de terre de bruyère et de terreau de feuilles, bien mélangés, avec addition de fragments de charbon. On plante en mars, en pots bien drainés, et on donne des arrosages d'autant plus copieux et plus fréquents que la végétation est plus active. Comme toujours ces arrosages doivent être très-modérés en hiver.

On la multiplie par les drageons ou rejets qu'elle pousse du pied. Ces drageons sont enlevés par une section nette faite à l'aide d'une serpette ou d'une lame de couteau ; on les plante dans des petits pots drainés, qu'on enfonce dans la tannée chaude, et qu'on recouvre comme il a été dit en parlant des autres espèces du genre. Après la reprise, on empote dans des pots plus grands, remplis du compost indiqué ci-dessus, et on ne découvre les jeunes plantes que graduellement, pour les raisons déjà expliquées.

APHELANDRA LEOPOLDI

XXVII

APHELANDRA LEOPOLDI

Charmant sous-arbuste du Brésil, introduit en Belgique en 1854, et de là, un peu plus tard, dans toutes les serres de l'Europe. Il est également remarquable par la distinction de son feuillage, admirablement zébré de blanc, et par son inflorescence, qui est un grand épi terminal et compacte de curieuses bractées et de fleurs jaunes. Cultivé dans nos serres, l'APHELANDRA LEOPOLDI a une tendance prononcée à ne donner qu'une tige simple et sans ramification.

On le cultive avec succès dans un mélange de terre tourbeuse et de terre franche, additionné de terreau de feuilles et d'une forte proportion de sable ou de terre siliceuse, qui a surtout pour effet de rendre le compost léger et perméable à l'eau des arrosages. C'est déjà dire que les pots doivent être parfaitement drainés, au moyen d'une couche de tessons de 2 à 3 centimètres d'épaisseur et couverte d'un peu de mousse, pour empêcher la terre de combler les interstices du drainage. En été, on donne de copieux arrosages; en hiver, on les interrompt en partie. Dans cette dernière saison, la température de la serre peut être abaissée à 12 ou 15° centigrades; en été, il est bon qu'elle se maintienne entre 22 et 28°. L'atmosphère de la serre doit être un peu humide, pendant tout le temps que la plante est en végétation.

Tous les APHELANDRAS se multiplient de boutures, prises sur des branches latérales, quand on peut en obtenir par le pincement de la sommité de la tige. On les plante dans des petits pots remplis de sable humide, qu'on couvre d'une cloche et qu'on tient enterrés dans la tannée chauffée à 25 ou 26° centigrades. On ombrage ces boutures contre les rayons directs du soleil, et on a soin d'essuyer de temps en temps l'intérieur des cloches pour en enlever l'humidité. La reprise assurée, on empote les jeunes plantes dans des pots un peu plus grands, bien drainés et remplis du compost indiqué ci-dessus. On les tient à l'ombre quelques jours, puis on les découvre graduellement pour les habituer peu à peu à supporter le contact de l'air et la lumière.

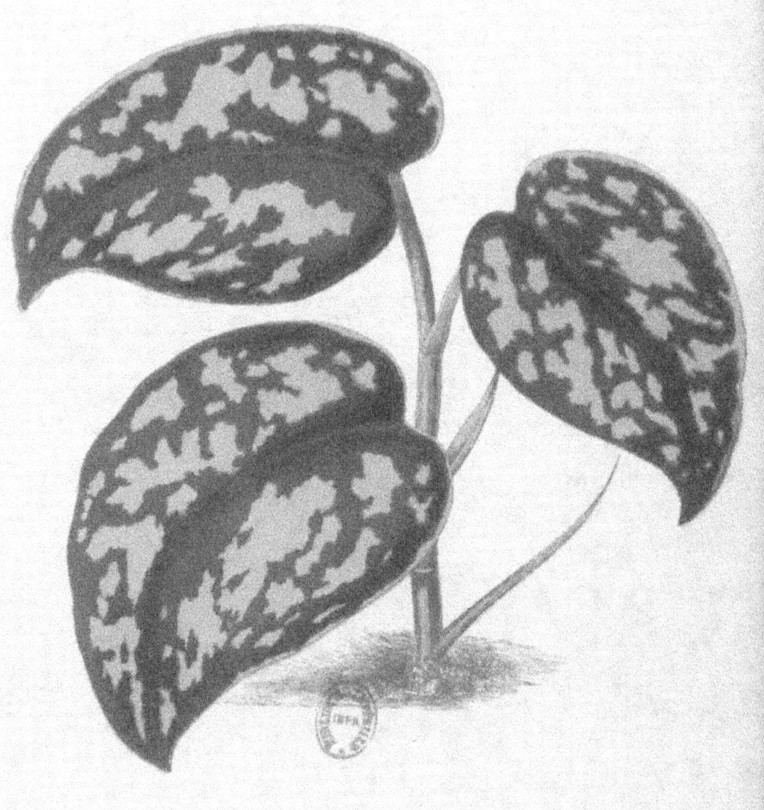

POTHOS ARGYRÆA
XXVIII

POTHOS ARGYRÆA

(AROÏDÉES. (ORONTIACÉES.) PL. 28.)

Délicieuse petite plante, encore incomplétement connue, qui a été rapportée de l'île de Bornéo, en 1857, par M. Thomas Lobb, et qui n'a guère été cultivée jusqu'ici que par MM. Veitch, père et fils, horticulteurs à Chelsea, près de Londres.

Elle est trapue et robuste sous sa petite taille. Par son port dressé et un peu sarmenteux et ses larges feuilles en ovale oblique, elle semble vouloir faire concurrence à la fois aux Bégonias et aux Anœcrochilus. On en prendra d'ailleurs une idée assez juste en regardant le Diffenbachia séguine, représenté ci-dessus, planche xiv, ce qui nous a dispensé d'en donner une figure. Ses feuilles sont lisses, d'un vert foncé, avec de nombreuses et grandes macules irrégulières blanc argenté, nettement arrêtées sur leurs contours. La plante n'a pas encore fleuri dans les collections.

Les conditions de sa culture sont : température de 22 à 28° centigrades en été, de 18 à 20 en hiver ; beaucoup d'eau pendant la période de végétation ; très-peu au contraire pendant la saison froide. La terre qu'on lui destine doit être un compost de terre de bruyère, de terreau de feuilles et de bonne terre franche ordinaire, mêlés par parties égales. On fera bien d'y ajouter des fragments de charbon et un peu de sable siliceux. Il est presque superflu de dire que les pots devront être parfaitement drainés. Les empotages se font en mars, au moment où les plantes donnent leurs premiers signes de végétation. On peut d'ailleurs tout aussi bien cultiver la plante en massifs, dans de grands vases ou des corbeilles ornementales; il est bon, dans ce dernier cas, de soutenir les tiges au moyen d'un fil de

fer placé circulairement, et vers le milieu de leur hauteur, afin
qu'elles puissent retomber gracieusement à l'entour. On doit
éviter de tenir la plante exposée aux rayons directs du soleil,
qui ont pour effet d'affaiblir la teinte des macules, et de les faire
tourner au gris verdâtre.

La multiplication se fait de boutures prises sur les pousses
latérales, et plantées dans du sable humide, en pots drainés,
couverts d'une cloche, ombragés et enterrés dans la tannée
d'une bâche chauffée à 25 ou 26° centigrades. Après la reprise,
on empote les jeunes sujets dans le compost ordinaire, et on les
habitue graduellement à résister à l'action directe de l'air et de
la lumière.

DRACÆNA FERREA.

XXIX.

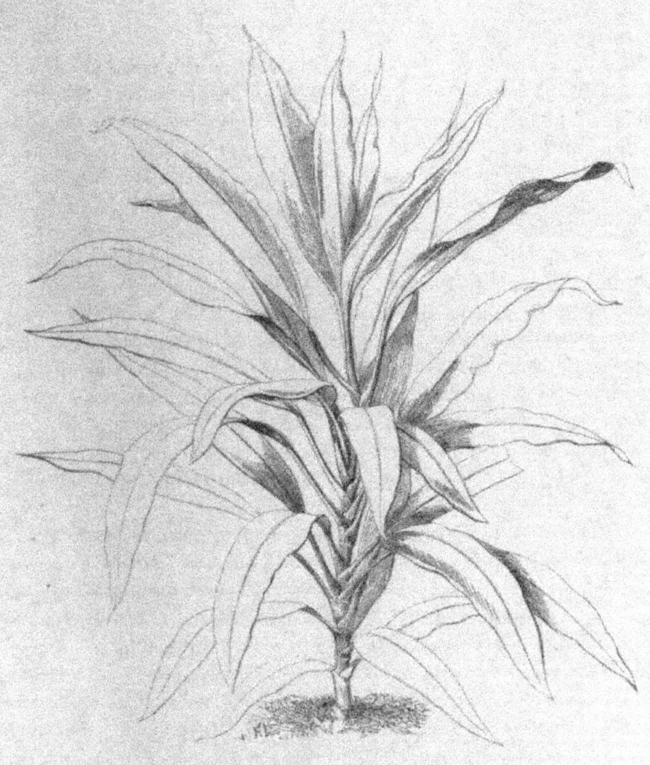

DRACÆNA FERREA

Grand arbuste monocotylédoné, de la Chine méridionale, d'où il a été rapporté en 1771. Il s'élève droit sur une seule tige, ne se ramifiant que très-peu à la partie supérieure. Ses fleurs sont en panicules terminales, petites, blanches, insignifiantes prises isolément, mais constituant en masse une inflorescence qui ne manque pas de beauté. Le vrai mérite de la plante est dans ses feuilles d'un pourpre foncé, sur les deux faces, ce qui en fait un objet remarquable dans une collection.

Ce Dragonnier est de serre chaude. Il s'accommode d'une température de 22 à 26° centigrades en été, de 16 à 20 en hiver.

Elle peut même descendre momentanément beaucoup plus bas sans qu'il en souffre ; on peut même dire qu'il passerait ordinairement l'hiver en plein air, dans les localités chaudes du midi de l'Europe.

Toutes les bonnes terres lui conviennent, mais, à cause de la nécessité de le tenir en pots, dans les serres, on est obligé de lui donner un compost assez léger pour laisser passer facilement les eaux d'arrosage. Ce compost se fabrique avec de la bonne terre franche, pour trois parties, et de la terre très-siliceuse (de bruyère par exemple) ou du sable pur pour une partie, le tout bien mélangé et additionné de charbon concassé. Les pots doivent être en outre drainés par une couche épaisse de tessons superposés, recouverte d'un lit de mousse de quelques millimètres d'épaisseur. On empote tous les ans au printemps, sans trop froisser les racines, tout en enlevant la vieille terre ; après la reprise, on met la plante en plein soleil, pour que la lumière donne de la vivacité au coloris de ses feuilles.

Une plante qui se ramifie si peu, ou qui même ne se ramifie pas du tout, ne saurait être multipliée de pousses latérales, comme beaucoup d'autres ; il faut aviser ici à un autre moyen. Ce moyen consiste à couper la tige d'une plante adulte à 1 ou 2 centimètres de terre, puis à diviser cette tige en tronçons de 4 à 5 centimètres, qu'on plante dans de la terre de bruyère, en terrines ou en pots. Ces morceaux, plantés debout, sont entièrement enterrés, c'est-à-dire recouverts d'environ 1 centimètre de terre, puis on arrose légèrement. Le vase est ensuite porté sur la couche de tannée, et enterré jusqu'au bord, et on chauffe à 25 ou 26° centigrades. Stimulés par cette forte chaleur, les tronçons ne tardent pas à émettre des racines, puis un bourgeon, qui se fait jour à travers la terre. On procède alors à leur empotage, dans des pots séparés, et remplis de terre plus substantielle que celle où ils ont germé ; on les couvre d'une petite cloche et on continue à les chauffer à la même température. Après leur reprise, on les découvre peu à peu, pour les habituer au contact de l'air. La sommité de la plante tronçonnée, débarrassée de ses feuilles, moins celles du cœur, peut aussi servir de bouture ; on la plante dans un pot rempli de terre de bruyère, et on la recouvre immédiatement d'une cloche. Une fois reprise, on en agit avec elle comme nous venons de le dire ci-dessus.

ANOECTOCHILUS STRIATUS.

XXX

ANŒCTOCHILUS STRIATUS

(ORCHIDÉES. — PL. 30.)

Nous connaissons déjà ce curieux genre d'Orchidées, où toute la beauté de la plante se concentre sur les feuilles. Celle qui fait le sujet de cet article est originaire de Ceylan et de Bornéo, d'où elle a été importée en Angleterre en 1840.

Malgré l'étroitesse de ses feuilles lancéolées, si on les compare à celles des ANŒCTOCHILUS SETACEUS et XANTHOPHYLLUS dont il a été question plus haut, cette jolie miniature ne leur est nullement inférieure ; elle a même sur la plupart de ses congénères l'avantage d'être très-distincte de toutes, comme espèce. Ses feuilles sont d'un vert bronzé, finement réticulées de nervures entrecroisées, et parcourues dans toute leur longueur, sur la ligne médiane, d'une bande jaune, nettement tranchée, qui contraste vivement avec le fond du coloris. La plante reste toujours assez petite, et sa tige a une tendance prononcée à rester simple.

Il est presque inutile de répéter pour cette plante ce que nous avons dit de la culture de ses deux congénères citées tout à l'heure. Rappelons sommairement que toutes ces plantes des forêts ombreuses de la région équatoriale vivant plus de l'humidité de l'air que de ce qu'elles tirent du sol, il faut leur donner une terre siliceuse très-pauvre, très-légère, très-perméable à l'humidité, propriété qu'on accroît en la mêlant de mousse de marais (SPHAGNUM) hachée menu. Les pots doivent en outre être fortement drainés, parce que, pour peu que l'eau y reste stagnante, ces plantes périssent. Enfin rappelons encore que, pour assurer autour d'elles l'air humide et calme dont elles ont besoin, on les tient habituellement à demi enfermées dans des caisses de verre, dans un endroit de la serre qui soit faiblement éclairé. Comme nous l'avons dit déjà, les conditions de leur culture sont identiques avec celles qui conviennent aux Fougères des pays chauds.

La multiplication se fait à l'aide des rejets peu nombreux que la plante pousse du pied. Un moyen de hâter un peu la propagation consiste à coucher la tige sur le sol, en l'y maintenant à l'aide de crampons, ce qui lui fait pousser des racines à tous les nœuds en contact avec la terre, et, à chacun de ces nœuds, un bourgeon, dont on fera une plante distincte en tronçonnant la tige entre les nœuds. La sommité feuillée sert elle-même de bouture, et s'enracine sans grande difficulté, si on la tient dans les conditions de chaleur, d'humidité, et de demi-ombre que nous avons déjà indiquées. Il va de soi qu'on doit la recouvrir d'une petite cloche pour hâter et faciliter sa reprise.

On a observé, il y a quelques années, en Angleterre, un fait curieux, qui démontre que les idées que nous nous faisons du tempérament des plantes tropicales n'est pas toujours juste. Un amateur ayant reçu, en septembre 1859, un pied d'ANŒCTOCHILUS XANTHOPHYLLUS, et n'ayant pas de serre chaude pour le loger, se contenta de le mettre dans une orangerie, simplement recouvert d'une feuille de papier dressée autour et au-dessus de la plante en forme de tente. La température y descendit plusieurs fois, en novembre et en décembre, à 1 1/2 degré centigrade au-dessus de zéro, c'est-à-dire presque au point de congélation, et, cependant, cette plante jugée si tendre n'en fut nullement endommagée. Ce fait, au surplus, rentre dans la catégorie de ceux dont on a récemment parlé, de la demi-rusticité d'une multitude d'Orchidées qu'on a jusqu'à ce jour cultivées en serre chaude, et qu'on réussit très-bien à faire fleurir sans autre chaleur que celle de nos climats, à la seule condition de les mettre à l'abri de la gelée pendant l'hiver.

POINSETTIA PULCHERRIMA

XXXI

POINSETTIA PULCHERRIMA

(EUPHORBIACÉES. — PL. 31.)

Cette remarquable Euphorbiacée, dont le nom fait déjà supposer la beauté, existe en Europe depuis une trentaine d'années.
C'est un voyageur français, M. Poinsette, qui l'a importée du
Mexique, en 1834, ce qui lui a valu l'honneur de la dédicace de
ce nouveau genre par le botaniste qui en a fait la description.

Le POINSETTIA est un sous-arbuste rameux, à branches un peu
divariquées, à feuilles ovales, plus ou moins lobées, dont les sommités florifères sont entourées d'une épaisse couronne de bractées du rouge le plus vif, qui, ici, tiennent en quelque sorte lieu
de corolle. Au premier abord, on croirait voir une énorme fleur
rouge, car cette couronne a quelquefois jusqu'à 30 ou 35 centimètres de large. Elle a toutefois un immense avantage sur les
fleurs proprement dites, en ce qu'elle dure plusieurs mois, ce
qui ne doit pas surprendre, puisque les bractées colorées sont au
fond de véritables feuilles. On en cultive d'immenses quantités
en Angleterre, où elle se vend sur les marchés aux fleurs de la
capitale. Il en existe une variété à bractées blanches, c'est-à-dire
décolorées, qui est très-belle la nuit, à la lumière.

Son origine mexicaine en fait naturellement une plante de
serre sous nos climats. Elle se plaît, pendant l'été, à une température de 16 à 20° centigrades, en hiver de 10 à 14, mais comme
elle peut endurer momentanément des températures beaucoup
plus basses, elle s'accommode assez bien du climat de l'Europe
méridionale, partout du moins où la gelée ne se fait que rarement sentir en hiver.

Le POINSETTIA réussit dans la terre franche mélangée par tiers
de terreau de feuilles et de terre siliceuse. Après la floraison, on
rabat toutes les branches à 15 centimètres de terre, et on tient
la plante, pendant environ deux mois, dans un endroit sec et
frais. Au bout de ce temps, on le rempote dans de la terre neuve;

et on la soumet à une température plus élevée, en l'arrosant légèrement d'abord, puis graduellement un peu plus, à mesure que les nouvelles pousses font des progrès. Comme les belles rosettes de bractées rouges ne viennent qu'au sommet des branches, plus les branches seront nombreuses, plus l'effet produit sera grand. Si donc il ne se développait qu'un petit nombre de pousses, il faudrait les pincer de bonne heure, c'est-à-dire audessus de la troisième ou de la quatrième feuille, pour les obliger à se ramifier, mais il ne faudrait pas pratiquer l'opération sur des pousses déjà grandes, parce qu'on n'obtiendrait plus de floraison des faibles ramuscules qui pourraient encore se développer sur les tiges amputées. En même temps que la végétation se développe, on donne une direction convenable aux tiges, c'est-à-dire qu'on les tient écartées également les unes des autres, au moyen de tuteurs, de manière à leur faire faire la gerbe, et par là procurer à toutes une égale dose d'air et de lumière, deux choses nécessaires ici pour obtenir de belles rosettes colorées. On arrose d'ailleurs en proportion de la croissance, et même, pour bien faire, on mêle de temps en temps de l'engrais liquide à l'eau des arrosages. Il est bon aussi de seringuer de temps à autre le feuillage, pour en faire tomber les araignées rouges et autres insectes qui auraient pu s'y établir. Enfin, lorsque le temps est chaud, on donne beaucoup d'air aux plantes. Toute cette culture a pour but de les renforcer, puisque, comme nous venons de le dire, elles sont d'autant plus belles que leurs rosettes sont plus larges, plus fournies et plus vivement colorées.

La multiplication se fait au printemps, à l'aide de rameaux qu'on coupe au ras du vieux bois, et qu'on bouture en terre de bruyère, après les avoir laissés exposés à l'air pendant trois ou quatre jours pour perdre un peu de leur sève. Ces boutures se font à chaud (18 à 22° centigrades) et se couvrent de cloches pour empêcher l'évaporation de leurs sucs ; de plus on les tient à l'abri des rayons du soleil. Lorsqu'elles sont reprises, on les empote à part, et on les traite bientôt comme les plantes faites. On peut aussi tirer des boutures des vieilles tiges qu'on coupe après la floraison, et dont les tronçons reprennent encore moyennant une certaine chaleur du sol ; mais ces boutures sont plus difficiles à gouverner que celles qu'on tire de rameaux plus jeunes.

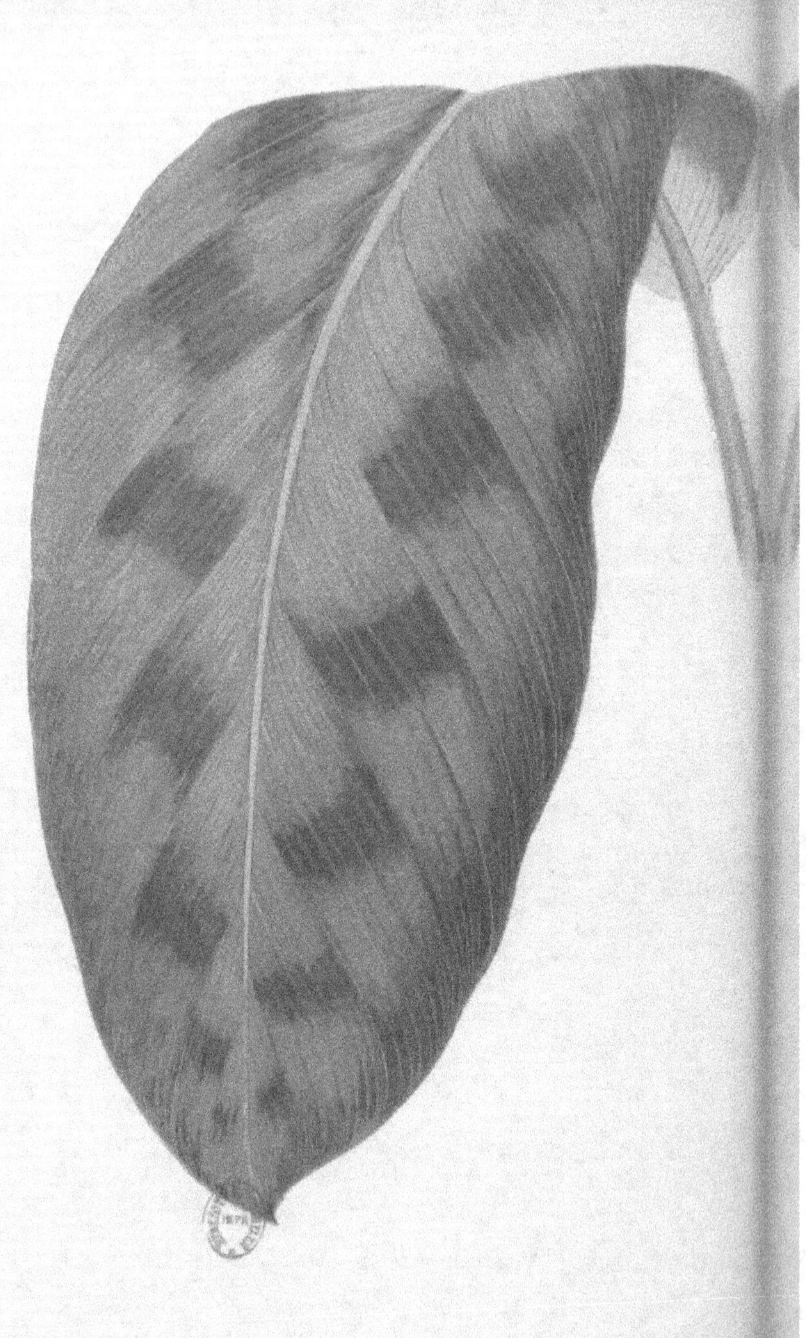

MARANTA PARDINA.

XXXII

MARANTA PARDINA

Indigène de la Nouvelle-Grenade, cette belle plante a été introduite en Europe en 1855, par M. Linden, de Bruxelles. Elle est encore rare dans les collections, et même inconnue de beaucoup d'amateurs de feuillages colorés.

Elle est vivace et de serre chaude, comme ses congénères. Ses feuilles, en ovale allongé, ont de 25 à 35 centimètres de long, sur 10 à 12 de large. Elles sont d'un vert léger, comme argenté, et présentent, de chaque côté de la nervure médiane, des sortes de macules quadrangulaires brunes ou presque noires. A ce caractère déjà singulier et très-recommandable, la plante ici en question ajoute l'avantage de produire un superbe épi de fleurs jaunes, aussi, sous ce dernier rapport, l'emporte-t-elle sur toutes les autres espèces de son genre.

En été, elle veut une chaleur de 22 à 28° centigrades ; en hiver, de 15 à 20. Elle se plaît comme ses congénères dans une terre mélangée de terreau de feuilles et de sable siliceux, à laquelle on ajoute des fragments de charbon, pour favoriser la porosité du sol. On empote en mars, dans des pots un peu grands, mais avec la précaution de donner un fort drainage, attendu que rien ne nuit à ces plantes comme l'eau stagnante autour des racines. Les pots, autant que possible, sont plongés dans la tannée chaude, ce qui excite vivement la végétation. On arrose de plus en plus, à mesure que la plante fait des progrès, et, si on veut l'avoir très-forte, on fait un second empotage en juin. Comme elle est sujette à être attaquée par l'araignée rouge, il est bon de la seringuer de temps en temps, et de la tenir dans un air un peu humide. Normalement, les Marantacées devraient se reposer en hiver; si cependant on tient à en jouir dans cette triste saison, on peut les *forcer*, en donnant une dose de chaleur plus grande que celle que nous avons indiquée plus haut, mais les plantes ainsi traitées ne valent jamais celles qui se sont reposées quelques mois. La période de repos devrait s'étendre du mois de décembre au mois de mars.

La propagation du MARANTA PARDINA est facile, attendu qu'il drageonne assez abondamment du pied. On tâche d'enlever ces drageons avec quelques racines, en les coupant au ras de la souche avec la lame d'un canif. Le bouturage se fait à chaud et sous cloches, comme nous l'avons dit en parlant des plantes de même famille décrites dans les pages précédentes.

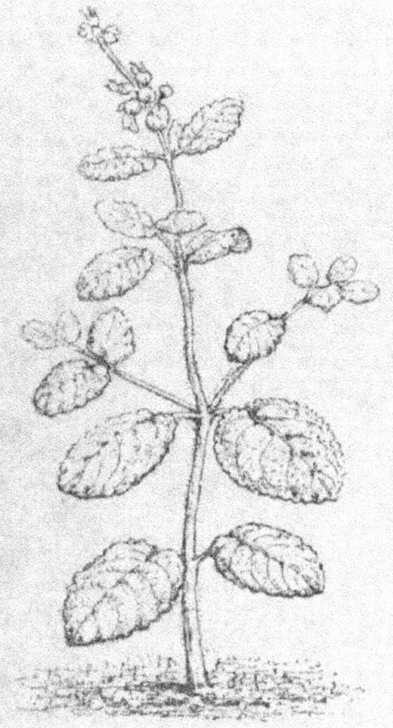

GESNERA CINNABARINA

La famille des GESNÉRACÉES est un superbe groupe de plantes ornementales, ayant pour la plupart les fleurs du plus bel écarlate. On n'en compte pas moins de soixante à soixante-dix espèces ou variétés dans nos jardins. La plupart sont américaines. Celle qui fait le sujet de cette note est du Mexique, d'où elle a été introduite, il y a quelques années, par M. Linden, de Bruxelles.

Comme toutes ses congénères, elle appartient à la serre chaude, et fleurit en hiver, c'est-à-dire du mois de décembre au mois d'avril. Ses feuilles sont largement ovales, ou plutôt cordi-formes, bullées, vertes, mais couvertes d'une épaisse pubescence rouge carmin, qui leur donne l'apparence d'un velours de cette teinte. La tige, haute de 30 à 35 centimètres, est bien garnie de feuilles, et se termine par une grappe de magnifiques fleurs rouge orangé. En somme, c'est une précieuse acquisition, comme fleur d'hiver, pour nos serres chaudes, et sa place est marquée dans toutes les collections.

On emploie, pour sa culture, un mélange de bonne terre fran-che, de terre siliceuse, et de terreau de feuilles décomposé, par parties égales. La tige périt après la floraison, ce qui indique que la plante a besoin d'un certain temps de repos, pendant le-quel il faut lui retrancher les arrosages, sinon totalement, du moins en grande partie; il suffit que la terre où elle végète soit légèrement humide. De plus, il convient de la mettre dans un endroit de la serre un peu sec et un peu froid, pendant deux ou trois mois. Pendant ce temps de repos, sa racine tuberculeuse se gorge de sucs, pour reprendre avec vigueur sa végétation lorsque le moment en sera venu. Cette racine ressemble à celle du GESNERA ZEBRINA, plante bien connue de la plupart des ama-teurs.

En mai, on fait à la fois le nouvel empotage et la multiplica-tion. Les pots ayant été renversés sur la table aux empotages, on débarrasse la racine et ses tubercules de la vieille terre qui y est adhérente, et on la replante dans un pot, suffisamment drainé, et rempli du compost indiqué ci-dessus. Une forte plante donne ordinairement cinq à six tubercules qui peuvent servir à la multiplier. On les détache du pied-mère, et on les plante à part, entiers ou coupés en trois ou quatre fragments. Chacun de ces fragments donnera une plante nouvelle, mais qui ne sera forte et ne fleurira bien que la seconde année. Le pied-mère, ainsi que les bulbes plantés entiers, devront être rempotés en juillet, puis une troisième fois en septembre, parce que leur végétation est fort active et use vite la terre. Ainsi traités, ils fleuriront abondamment en hiver. La chaleur requise par cette espèce, comme par presque toutes les GESNÉRACÉES, est de 22 à 28° cen-tigrades en été, de 16 à 20 en hiver.

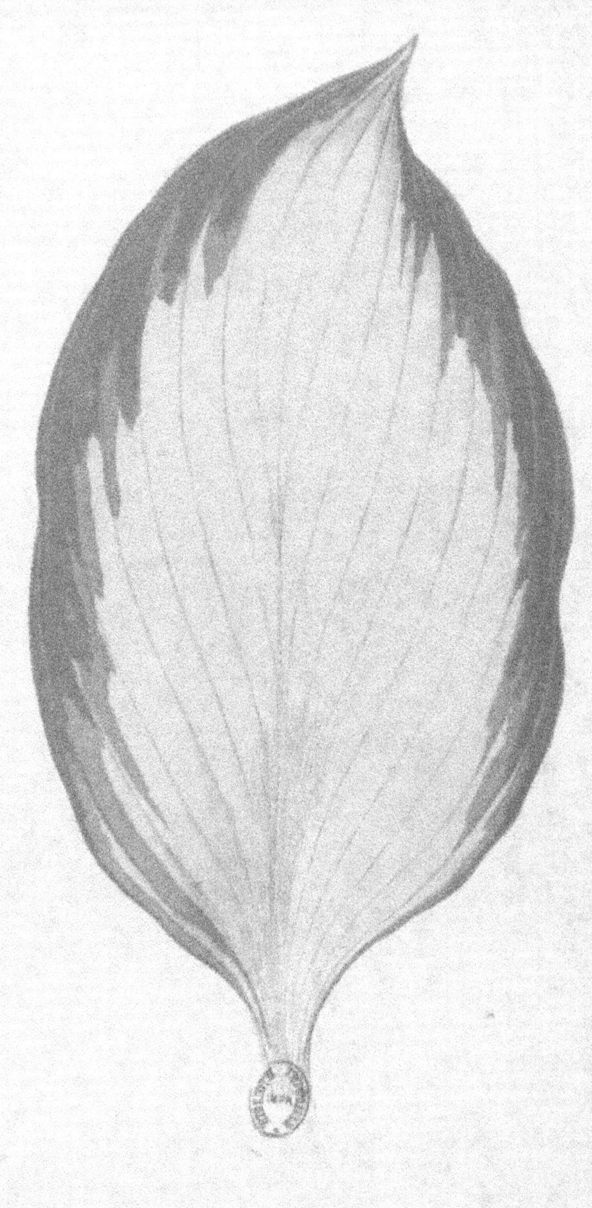

FUNKIA SIEBOLDIANA VARIEGATA

XXXIV

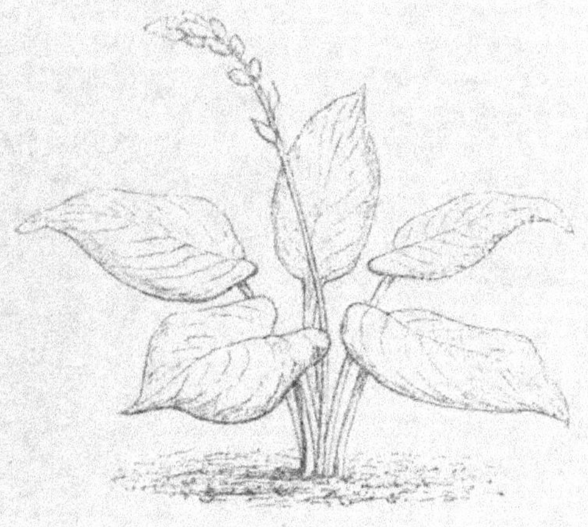

FUNKIA SIEBOLDIANA VARIEGATA

Les FUNKIA sont des plantes vivaces et rustiques du Japon, aimant à la fois la chaleur et une terre un peu sèche. Leur nom leur vient de celui d'un botaniste allemand, Henry Funk. La plante en question ici a été introduite en Europe, il y a une trentaine d'années, par le célèbre voyageur Siebold. Ses feuilles sont largement ovales, acuminées, lisses, à nervures un peu convergentes ; ses fleurs sont en épis, liliiformes, de moyenne grandeur, et de couleur lilas ou lie de vin. La variété dont on voit ci-contre la figure se distingue du type en ce qu'elle est presque entièrement blanc-jaunâtre, le vert primitif n'occupant plus qu'une étroite lisière sur le contour du limbe.

Le FUNKIA sieboldiana appartient à la pleine terre sous nos climats, mais il aime le soleil et se plaît surtout en terre un peu sèche ; cependant il ne réussit pas moins bien en pot, pourvu que ce pot soit parfaitement drainé ; d'ailleurs en adoptant ce dernier mode de culture, on peut lui conserver son feuillage pendant l'hiver, au moyen d'une bâche ou d'une orangerie (un simple appartement ferait tout aussi bien), qui le mette à l'abri du froid, mais il faut alors le tenir près des vitraux ou des fenêtres, et l'arroser de temps en temps, quoique avec une certaine parcimonie. S'il s'agit de la variété à feuilles colorées, ce mode de culture sera surtout favorable, en ce qu'il tendra à blanchir davantage la couleur accidentelle du feuillage.

Rien de plus facile que la multiplication des Funkias; elle se fait en automne par division du pied, de la même manière que celle des Hémérocalles.

ANŒCTOCHILUS RUBRO-VENIA.

XXXV

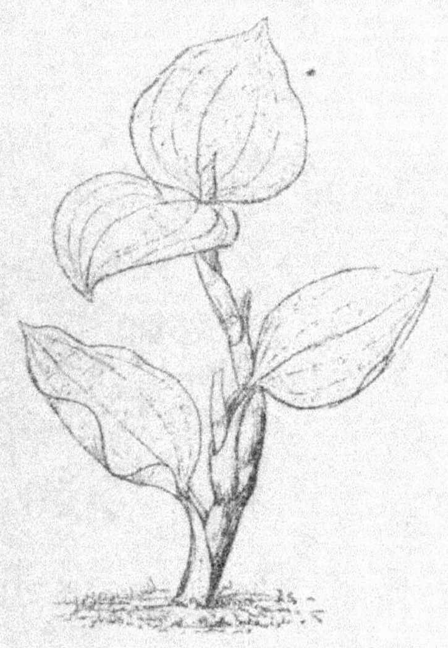

ANŒCTOCHILUS RUBRO-VENIUS

(ORCHIDÉES. — PL. 35.)

Inutile de décrire longuement cette charmante petite orchidée ; il suffit de jeter les yeux sur la figure coloriée qui la représente pour juger de sa physionomie et de sa beauté. Trois lignes pourpres, convergentes au sommet d'une feuille ovale couleur de bronze, sont le trait principal qui la distingue de ses congénères, dont elle a le tempérament et les appétits. Il serait donc superflu d'entrer dans le détail de sa culture, qui est absolument la même que celle qui convient aux ANŒCTOCHILUS STRIATUS, SETACEUS et XANTHOPHYLLUS. Comme ce dernier, elle nous vient de Ceylan et de Bornéo.

On la propage de même par les rejets enracinés qu'elle pousse du pied, et qu'on en détache par une section bien nette, en ayant soin d'avoir au moins une racine à chaque fragment. Malgré sa beauté, elle est encore fort rare dans les serres.

PANDANUS JAVANICUS VARIEGATUS
XXXVI

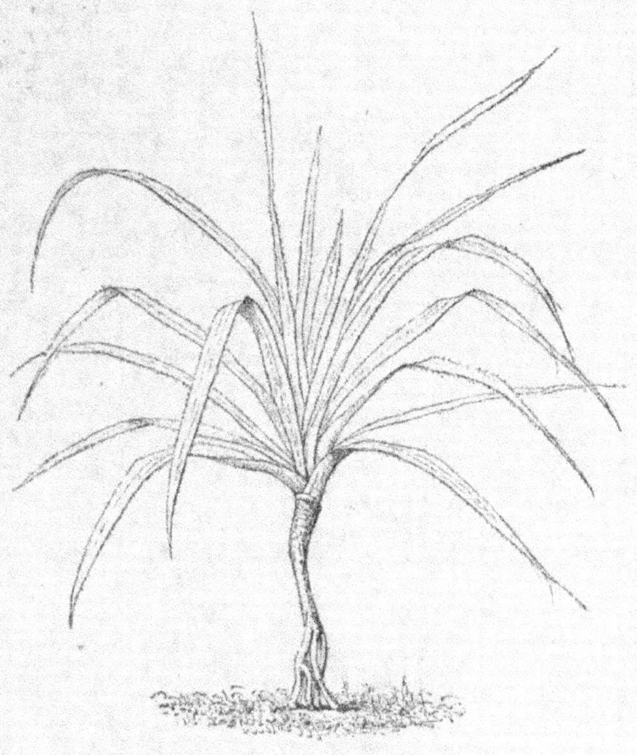

PANDANUS JAVANICUS VARIEGATUS

Les PANDANUS, la plupart originaires de l'Afrique, de l'Inde et
de la Malaisie, sont souvent de grands et beaux arbres, d'un aspect tout particulier et très-caractéristique. Leurs longues feuilles ensiformes, ordinairement armées d'aiguillons sur les bords,
forment comme un triple escalier tournant en spirale autour de
la tige. Leurs fleurs sont peu connues, et leurs fruits le sont en-

core moins. C'est surtout pour leur aspect imposant qu'on les cultive dans les serres chaudes. Les plus remarquables sont principalement les suivants :

Le Pandanus candelabrum ou Pandanus candélabre, de la côte de Guinée, qui s'élève à 15 ou 20 mètres ;

Le P. amaryllifolius, de l'Inde-Orientale ;

Le P. fascicularis, de l'Inde ;

Le P. odoratissimus, de l'Inde ;

Le P. spiralis, de la Nouvelle-Galles du Sud, et le P. utilis, de l'île Bourbon, où il porte le nom de *Baquois*. Toutes ces espèces sont arborescentes et s'élèvent au moins à 6 ou 7 mètres.

Celle dont nous avons à nous occuper ici est native de Java. Elle a donné naissance à la superbe variété panachée dont la figure ci-contre représente deux fragments de feuilles. Son introduction en Europe ne remonte qu'à 1842.

Les feuilles, dans cette variété, ont de 70 centimètres à 1 mètre de long ; elles sont bordées d'aiguillons, ce qui, joint à leurs bandes blanches et à leur forme, leur donne des airs de ressemblance avec l'Ananas panaché dont nous avons parlé plus haut. Le port est d'ailleurs excellent ; les feuilles sont nombreuses, denses, rapprochées en une forte touffe ; leurs panachures sont d'un blanc vif, qui tranche nettement sur un fond d'un vert foncé.

La multiplication se fait au moyen des rejets ou drageons qui sortent du pied de la plante. On les en détache à l'aide d'un instrument tranchant, en ayant soin d'emporter des racines avec le fragment ; on enlève les feuilles inférieures, et on plante dans du sable pur ou de la terre de bruyère très-maigre, en pots parfaitement drainés ; on donne un léger arrosage pour tasser le sable, on couvre d'une cloche et on enfonce le pot dans la tannée de la serre à multiplication chauffée à 24 ou 25°. On abrite la cloche des rayons du soleil, mais dès que des signes non équivoques de végétation se seront montrés, on découvrira peu à peu et on soulèvera de même graduellement la cloche pour donner accès à l'air et y habituer la jeune plante. Lorsque la reprise est complète, et que les racines de la bouture commencent à tapisser les parois du pot, on empote dans un compost de terre franche, de terre de bruyère, de sable et de fumier de vache consommé, le tout par parties égales et bien mélangé et additionné de quelques fragments de charbon. Excitée par la chaleur, la jeune plante marchera dès lors rapidement, et il faudra l'arroser en proportion de ses progrès. On devra d'ailleurs faire de nouveaux empotages, à mesure que les pots deviendront trop petits pour contenir les plantes, et les pots devront toujours être parfaitement drainés. Si la température est bien soutenue, et l'atmosphère de la serre un peu humide, les plantes seront déjà trèsfortes à la seconde année. La température estivale devra être de 20 à 28° ; celle de l'hiver de 13 à 15.

XXXVII

PTERIS ARGYRÆA

(POLYPODIACÉES. — PL. 37.)

Tout le monde connaît les Fougères; tout le monde sait qu'elles
occupent un rang distingué dans le jardinage d'agrément, et que
des serres sont construites exprès pour ces charmants végétaux,
si gracieux par leur feuillage, si variés de formes et de port, et
dont quelques-uns rivalisent de grâce et de majesté avec les Palmiers. Mais pendant longtemps on n'y a connu d'autre teinte que
le vert, le vert uniforme, livrée ordinaire du monde végétal. Il
y avait donc là un *desideratum*, une lacune, que regrettaient les
amateurs de beaux feuillages. Aujourd'hui cette lacune est remplie; on possède plusieurs fougères à feuillage coloré, entre au-

tres la superbe plante dont la figure ci-jointe donne une idée.
Elle a été introduite de l'Inde-Orientale en 1858, par MM. Veitch,
célèbres horticulteurs établis à Chelsea, près de Londres.

Cette belle Fougère ne se recommande pas moins par son port
et sa taille que par l'élégance et le brillant coloris de ses
feuilles, dont les pinnules, blanches au milieu, ne conservent la
teinte verte primitive qu'aux extrémités de leurs lobes. Sa culture n'offre pas plus de difficulté que celle des Fougères ordinaires du même pays : chaleur tropicale (24 à 28° en été, 15 à
18 en hiver), lumière affaiblie, atmosphère humide, sol parfaitement drainé. Le compost dont on se sert pour toutes ces plantes,
ordinairement cultivées en pots, se compose de terreau de feuilles
consommé et de terre de bruyère ou de sable siliceux par parties égales. La multiplication se fait par division du pied, quand
il y a de nouvelles pousses à côté de l'ancien; il faut seulement
avoir soin de les enlever avec des racines. On les plante en pots,
dans le compost ci-dessus indiqué, on les tient très-ombra-
gées, et on chauffe à 26 ou 27°. Il est vraisemblable que la multiplication serait beaucoup plus rapide par le semis des spores,
si la plante en produisait, mais il paraît qu'elle n'a pas encore
fructifié dans nos serres.

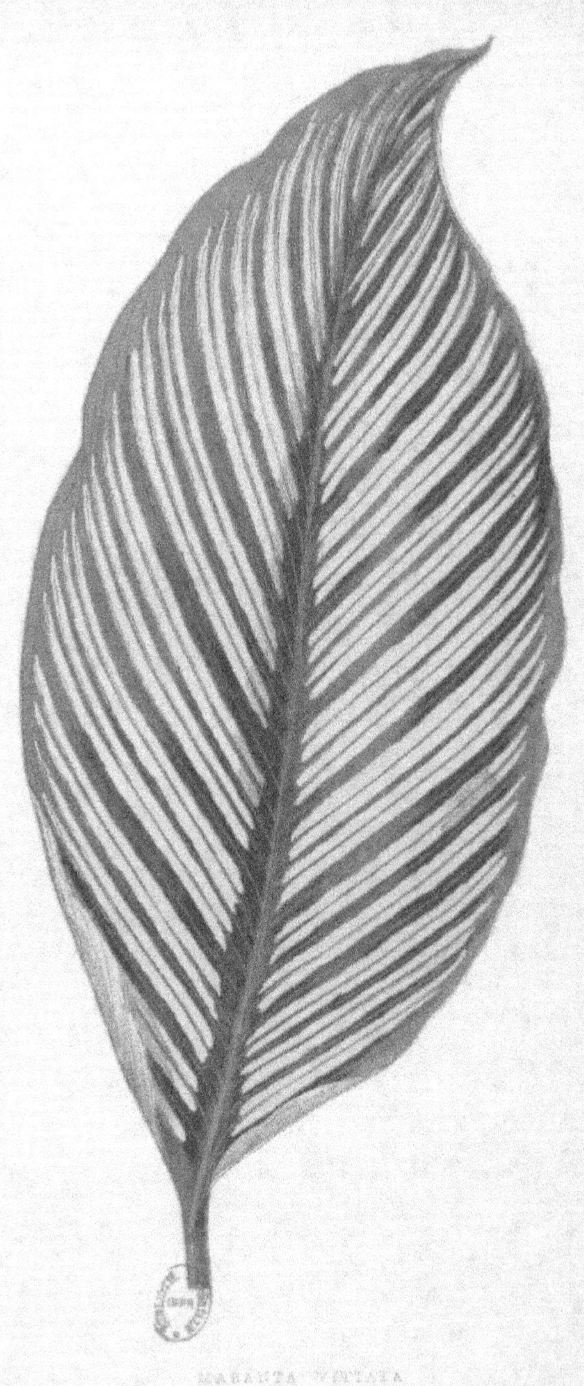

MARANTA VITTATA
XXXVIII

MARANTA VITTATA

(MARANTACÉES. — PL. 38.)

Voici le digne pendant des MARANTA REGALIS, M. PARDINA, CA-
LATHEA ZEBRINA et autres Marantacées déjà décrites, qui nous
ont apparu, chacune à leur tour, comme le *nec plus ultrà* de leur
genre. Si nous avions à choisir entre ces brillantes formes végé-
tales, peut-être celle-ci obtiendrait-elle la palme de la beauté.
Quoi de plus attrayant, en effet, que ces doubles bandes d'un
blanc pur qui s'en vont, obliquement et parallèlement les unes
aux autres, de la nervure médiane aux bords de la fronde, se
détachant si nettement des bandes vertes qui les séparent? Mieux
que sa congénère ci-dessus nommée, elle méritait la gracieuse
épithète de zébrée; mais, d'importation plus récente, elle a dû
subir la loi de priorité, qui ne permet pas de débaptiser une
plante pour transférer son nom à une autre.

Elle est originaire des parties chaudes et boisées de l'Amé-
mérique équatoriale, d'où elle a été introduite il y a peu d'années en Europe, par M. Linden, de Bruxelles. Comme toutes
les Marantanées, elle est de serre chaude sous nos climats, et
veut une température de 20 à 25° en été, et de 14 à 18 en hiver.

Sa culture est absolument la même que celle de ses congénères ; nous ne pourrions donc que répéter ici ce que nous avons
dit aux articles des Marantacées désignées ci-dessus. Comme
elles aussi, elle se multiplie de drageons qu'on sépare du pied
mère munis de quelques racines, et qu'on plante en pots drainés,
remplis de terre siliceuse ou de sable pur, qu'on ombrage, et
qu'on enfonce dans la tannée chauffée à 24 ou 25°. On empote
après la reprise, et on donne des arrosages proportionnés à
l'activité de la végétation.

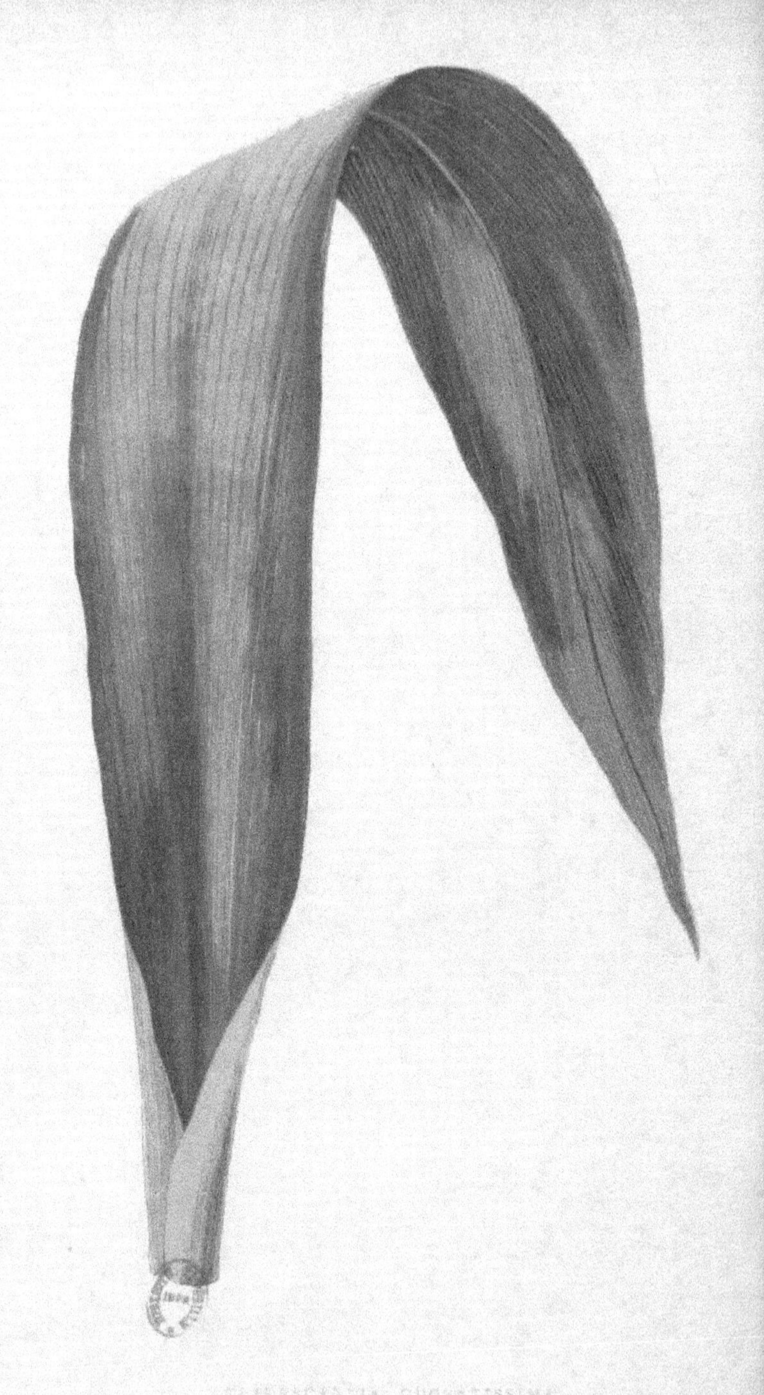

TRADESCANTIA ELEGANTISSIMA

XXXIX

TRADESCANTIA ODORATISSIMA

Les Commélynées, et en particulier le genre TRADESCANTIA,
constituent une intéressante tribu de plantes ornementales, an-
nuelles ou vivaces, toujours herbacées, les unes parfaitement
rustiques sous nos climats, les autres appartenant à la serre
chaude, ayant généralement les fleurs bleues ou bleu violacé.
Les espèces rustiques nous viennent du Texas et de l'Amérique

du Nord ; les espèces plus délicates du Mexique, des Antilles, de l'Amérique centrale et du Brésil.

Celle qui fait le sujet de cette note a été trouvée par hasard dans les serres de MM. Veitch, de Chelsea, près de Londres, sans qu'on sache encore de quel pays elle est originaire. La graine qui l'a produite se trouvait sans doute dans la terre qui accompagnait un envoi de plantes d'Amérique, et elle aura germé en trouvant les conditions de chaleur et d'humidité qui lui convenaient.

Quoiqu'elle n'ait pas d'état civil, c'est une très-belle plante de serre chaude par son feuillage d'un vert vif en dessus, d'un pourpre foncé en dessous, et aussi par ses fleurs d'un bleu charmant. Elle se recommande donc doublement à l'amateur.

Elle se plaît à une température de 22 à 28° en été, de 15 à 18 en hiver. On emploie à sa culture un compost formé de terre franche, de terreau de feuilles et de sable siliceux par parties égales. Les pots sont fortement drainés avec des tessons, et on donne de copieux arrosages dans la période d'activité de la végétation. Stimulée par la chaleur et l'humidité, la plante croît avec vigueur; on ne doit pas lui ménager les empotages, toutes les fois que le pot où elle se trouve devient trop petit pour la contenir.

Rien de plus facile que sa propagation par les nombreux drageons qu'elle pousse de son rhizome souterrain. On les détache avec la serpette, en leur ménageant quelques racines, et on les plante en petits pots bien drainés et remplis de terre siliceuse ou de sable pur, qu'on couvre d'une cloche ou d'un verre à boire, après les avoir arrosés. Cette plantation doit naturellement se faire à chaud, dans la serre à multiplication. Quand les jeunes plantes sont bien reprises, on les transplante dans le compost ci-dessus indiqué, et on les découvre peu à peu, pour les habituer graduellement à endurer le contact de l'air.

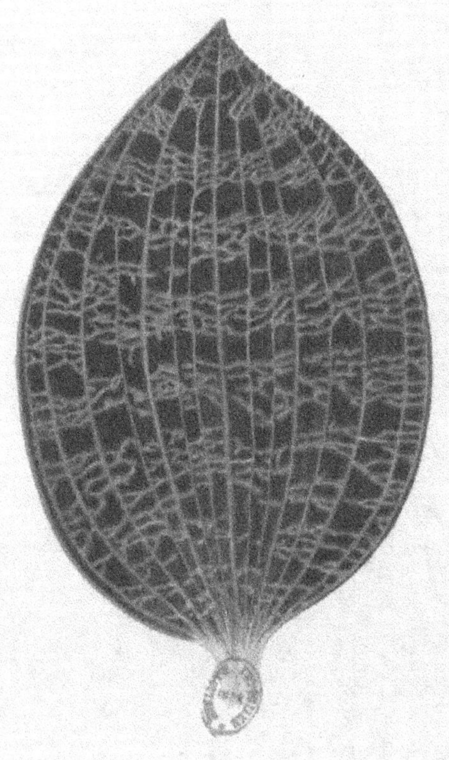

ANŒCTOCHILUS LOWII.

XL.

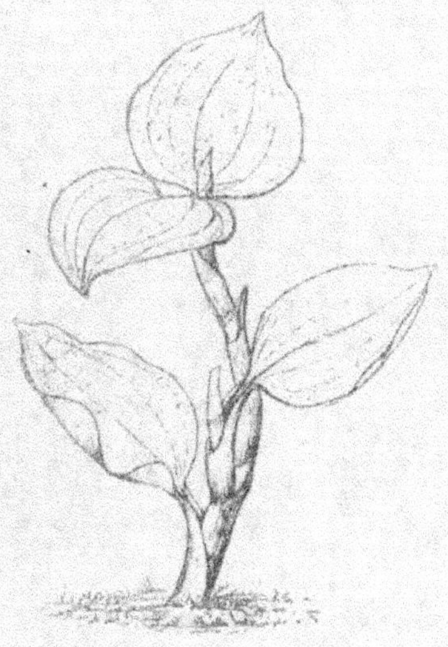

ANŒCTOCHILUS LOWII

(Orchidées. — Pl. 40.)

Ce nouvel Anœctochilus est un digne rival de ceux dont nous avons déjà fait l'histoire; peut-être même le leur trouvera-t-on supérieur par quelques points. Ses larges feuilles veinées et réticulées d'or rougeâtre sur fond bronzé et velouté lui constituent, dans tous les cas, un mérite qu'on ne saurait lui contester. Et puis, il a pour lui une taille supérieure, et, ce qui n'est pas non plus un mince avantage, une constitution robuste qui en facilite singulièrement la culture. C'est en effet le moins exigeant de sa tribu, sous ce rapport.

Cette charmante orchidée est de Bornéo. Elle en a été rapportée en 1852, par MM. Low, père et fils, horticulteurs à Clapton, près de Londres.

Comme ses congénères, elle veut, en été, une température de 24 à 28°, se contentant de 16 à 18 en hiver. On la plantera dans un mélange de terreau de feuilles, de sable siliceux et de sphagnum haché, auquel on ajoutera quelques fragments de charbon. Il serait bon de la tenir dans une caisse vitrée, sur une des tablettes de la serre chaude, afin de lui ménager plus facilement une atmosphère moite; une simple cloche peut du reste en tenir lieu.

De son rhizome s'échappent des jets qui, en s'enracinant dans le sol (et on peut y aider en les couchant), servent à la multiplier. Quand des racines s'y sont produites, on les détache de la plante mère, et on les plante à part, dans le compost que nous venons d'indiquer. On a soin de les couvrir et de les ombrager. Quand les jeunes plante seront décidément reprises, on les découvrira peu à peu, comme il a déjà été dit pour les autres espèces du genre. Rappelons sommairement que tous les ANŒCTOCHILUS ne réussissent bien que dans une atmosphère à la fois chaude, humide et à demi ombragée.

CROTON VARIEGATUM ANGUSTIFOLIUM.

XLI.

CROTON VARIEGATUM ANGUSTIFOLIUM

(ÉUPHORBIACÉES. — PL. 41.)

Nous avons déjà parlé de cette espèce (voir le n° 2); il s'agit ici de sa variété à feuilles étroites, dont un coup d'œil jeté sur les deux planches coloriées fera saisir instantanément la différence. Dans celle-ci les feuilles se distinguent par un autre mode de panachures : les bandes colorées étant toutes longitudinales, le long de la nervure et des bords de la feuille, sur laquelle se montrent en outre çà et là de petites macules ou ponctuations jaunâtres sur le fond vert foncé.

Pour la culture et la multiplication de ce joli arbuste, nous ne pouvons mieux faire que de renvoyer le lecteur à ce que nous en avons dit en parlant du type de l'espèce.

CONVALLARIA MAJALIS VARIEGATA.

XLII

CONVALLARIA MAIALIS VARIEGATA

(LILIACÉES. — PL. 42.)

Cette fois nous avons affaire à une plante indigène, le Muguet, cette gentille liliacée, dont les fleurs printanières embaument les vallées herbeuses de nos collines et les clairières de nos bois. Une si jolie plante ne pouvait être exilée de nos jardins, aussi l'y a-t-on introduite de bonne heure, et c'est là, par le fait du changement de lieu sans doute, qu'elle a donné naissance à la variété panachée dont on voit ici la figure. Comme dans le Roseau panaché, l'Ananas à feuilles rubanées, et généralement toutes les monocotylédones qui subissent ce genre de variation, les bandes colorées sont dans le sens des nervures de la feuille, et convergent vers son sommet. Leur teinte est le blanc jaunâtre, assez net pour trancher agréablement avec les parties de la feuille qui ont conservé leur couleur normale.

La culture d'une plante si rustique ne saurait être bien difficile : elle se fait *ad libitum* en pleine terre ou en pots, mais on doit tendre à se rapprocher des conditions naturelles qui lui conviennent, et qui peuvent se résumer ainsi : terre argilo-sableuse, un peu légère, humide mais parfaitement drainée, situation à mi-ombre. Si la culture se fait en pots, on doit augmenter la proportion de sable dans la terre, et il est bon d'y ajouter quelques fragments de charbon. L'essentiel est que les pots soient parfaitement drainés avec des tessons, pour faciliter le passage de l'eau.

La variété panachée réussit mieux en pots qu'en pleine terre, d'abord parce qu'il est bon qu'elle ne soit pas trop nourrie, ce qui pourrait diminuer la vivacité de ses bandes colorées, qui tourneraient au vert, ensuite et surtout parce qu'on aura par là

le moyen de la mettre à l'abri du vent et des averses, deux accidents toujours fâcheux pour les plantes dont le feuillage fait le
principal mérite. En automne, quand les feuilles commenceront
à jaunir, on enfouira le pot en terre, au milieu d'une plate-
bande, d'où on le retirera vers la fin de février ou le commencement de mars, pour changer la terre du pot et renouveler le
drainage.

La multiplication n'offre non plus aucune difficulté. Elle se
fait au moment de l'empotage, au moyen de fragments de rhizomes
qu'on détache du pied mère et qu'on plante à part dans des pots.
Ils donneront naissance, dans l'année même, à des plantes
suffisamment fortes, qui seront plus belles encore l'année suivante.

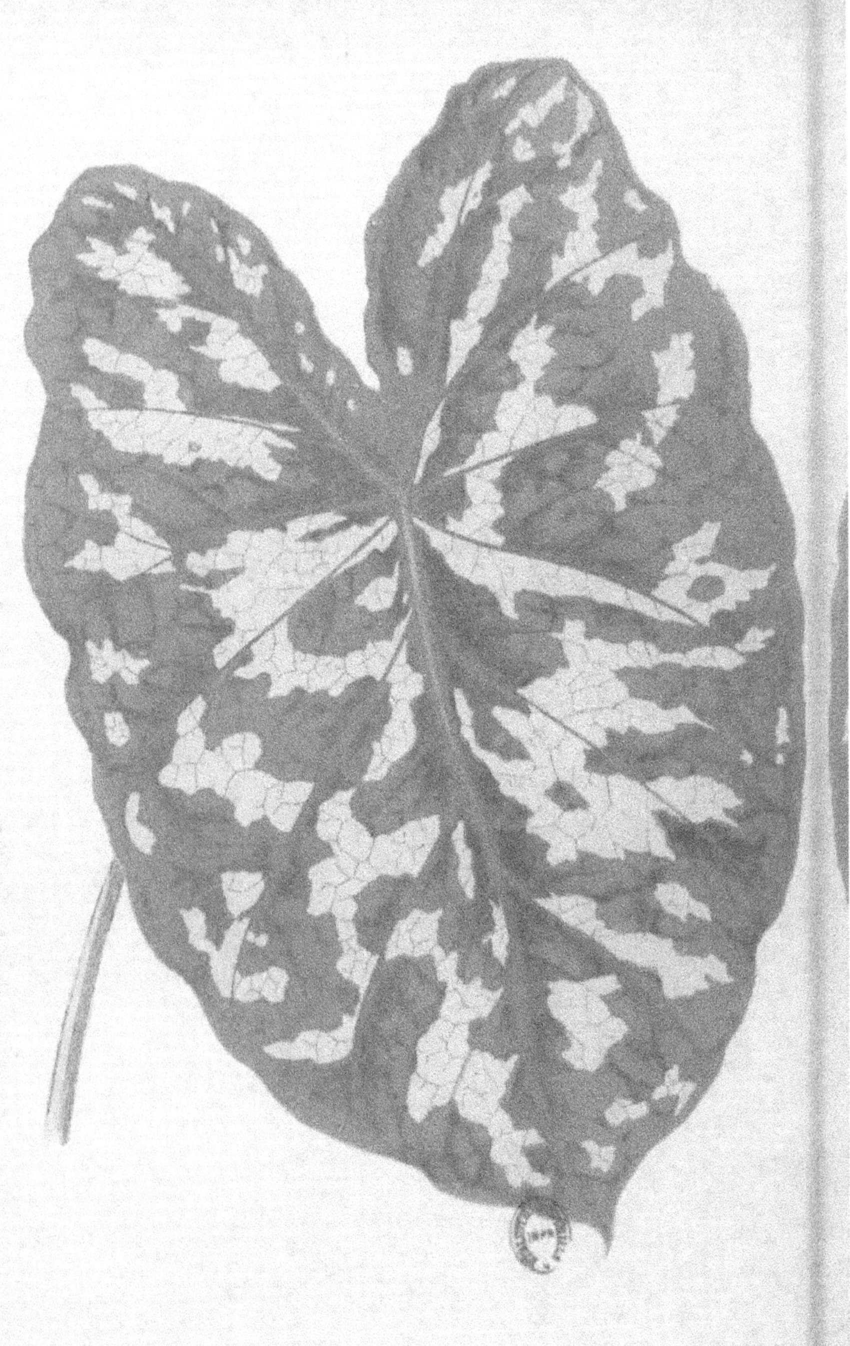

CALADIUM PICTUM

XLIII

CALADIUM PICTUM

Si les Aroïdées ne brillent pas par leurs fleurs, tout le monde conviendra du moins qu'elles sont au premier rang pour la beauté du feuillage. Nos espèces indigènes elles-mêmes, quoique relativement modestes si on les compare à celles des tropiques, ne sont pas dénuées d'intérêt sous ce rapport. L'Arum vulgaire de nos bois, plus connu sous le nom de Gouet et de Pied-de-veau, forme des touffes dont le vert foncé donne du relief à nos parterres, dans une saison où l'hiver n'a pas encore abdiqué ses droits; l'Arum d'Italie, presque aussi précoce, montre déjà sur son feuillage un vestige de ces bariolures colorées que nous retrouvons plus variées et plus vives chez les espèces tropicales. Et quoi de plus ornemental et de plus curieux que cet Arum crinitum et ce Dracunculus vulgaris de l'Europe méridionale, dont les énormes spathes, d'un brun luride, exhalent, pendant la floraison, une odeur cadavé-

reuse si prononcée qu'elle attire les mouches de la viande,
mais qui rachètent ce défaut par l'ampleur de leurs feuilles, ou
les bigarrures de leurs tiges? A côté d'eux se présente une toute
petite et gracieuse espèce, l'ARISARUM, dont la frêle hampe flo-
rale se termine par un godet réticulé de pourpre, et elle est
assez rustique encore pour braver nos hivers septentrionaux. A
cette liste ajoutons le charmant CALLA PALUSTRIS, plante du nord,
dont la spathe rivalise de blancheur avec celle du Calla d'Éthio-
pie, qui, malgré son nom, est presque rustique aussi sous nos latitudes. Ainsi donc, dans cette brillante famille des Aroïdées, la
coloration du feuillage, ou d'organes qui se rattachent aux
feuilles par leur nature, n'est pas le privilége exclusif des
espèces de la zône torride.

Il faut convenir cependant que c'est entre les tropiques, et
surtout dans la zône humide et ombreuse qui avoisine l'équa-
teur, que les Aroïdées se montrent dans tout le luxe de leur coloration. Nous en avons vu des exemples dans les CALADIUM ARGY-
RITES, BICOLOR, CHANTINI, dans le DIFFENBACHIA, le POTHOS ARGYREA;
nous en reverrons de nouveaux exemples dans la suite de cette
énumération de feuillages colorés; nous en avons une surtout
dans la splendide espèce ici figurée, le CALADIUM PICTUM, introduit du Brésil en Europe, en 1850.

Un simple coup d'œil jeté sur la figure qui accompagne
ce texte suffit pour donner une idée de la plante. Son feuillage, moyen si on le compare avec celui des autres espèces
du genre, est irrégulièrement marbré de blanc sur fond vert.
Ce que la figure ne dit pas, c'est que les pétioles des feuilles
sont souvent teints du plus beau pourpre. Ce beau feuillage
persiste presque toute l'année, pour peu qu'on soutienne la
chaleur autour de la plante, et qu'on lui donne de l'eau dans la
proportion convenable.

Le CALADIUM PICTUM a le même tempérament que les espèces
ci-dessus indiquées. Il réussit bien avec une température estivale de 22 à 27° centigrades; en hiver, 16 à 22° lui suffisent.
On l'arrose copieusement en été, modérément en hiver; l'engrais liquide, donné de temps en temps pendant la période de
végétation, accroît remarquablement sa vigueur.

Pour les autres particularités de sa culture et sa multiplication, nous renvoyons le lecteur aux articles des CALADIUM BICO-
LOR et ARGYRITES.

HOYA CARNOSA VARIEGATA.

XLIV

HOYA CARNOSA VARIEGATA

(ASCLÉPIADÉES. — PL. 44.)

Le genre Hoya est représenté aujourd'hui dans les serres par plusieurs espèces qui tiennent un rang distingué comme plantes grimpantes. Leurs fleurs sont petites, il est vrai, mais elles compensent ce défaut par leur nombre, la délicatesse de leur structure et souvent par leur brillant coloris. Qui n'a souvent admiré, par exemple, les H. BELLA et IMPERIALIS? Celle dont nous avons à parler ici leur cède peu pour la beauté des fleurs, mais, ce qui lui donne surtout du prix, c'est la panachure de son feuillage, qui en fait presque une exception dans le genre.

L'Hoya CARNOSA est originaire de l'Inde. Ses tiges sarmenteuses et grimpantes, autant que la vivacité du coloris de ses feuilles, en font le rival du CISSUS DISCOLOR, auquel on l'associe quelquefois pour la décoration des treillis et des colonnettes dans les serres chaudes. Ses fleurs sont en ombelles pendantes, et contiennent toutes une goutte de nectar sucré, destiné à appeler les insectes chargés d'opérer la fécondation.

Cette belle Asclépiadée ne demande pas une température très-haute; 18 à 22° centigrades en été, 10 à 15° en hiver, lui suffisent pour acquérir toute sa beauté; aussi peut-on dire qu'elle appartient à la serre tempérée aussi bien, mieux peut-être, qu'à la serre chaude. Elle se plaît dans un sol léger, siliceux, bien drainé; plus ce sol sera maigre, mieux les panachures se conserveront. On y aide encore en la tenant dans des pots un peu étroits, où ses racines éprouvent quelque gêne. Un point essentiel est de ne pas arroser avec excès, et surtout de ne donner de l'eau en hiver qu'autant que cela est nécessaire pour conserver la terre légèrement humide. La plante, avec ses feuilles charnues, tient du tempérament des plantes grasses, et, comme elles, elle est sujette à pourrir si les arrosages sont excessifs ou donnés inconsidérément. Pour la voir sous son meilleur jour, on la fait grimper sur un treillis de fil de fer disposé en forme de ballon, qu'elle ne tarde pas à couvrir entièrement de ses feuilles

La multiplication n'offre aucune difficulté : Elle se fait à l'aide de rameaux bouturés, et même de simples feuilles. Après les avoir détachés de la plante, on les laisse exposés à l'air pendant un jour ou deux, pour les laisser dégorger un peu de la sève qu'ils contiennent et sécher les plaies faites par l'instrument; on les plante ensuite dans un pot ou une terrine remplie de terre de bruyère seulement humide, qu'on enfonce dans la tannée chauffée à 22 ou 23°. On arrose peu, tant que les racines ne se sont pas formées, parce que le plus léger excès d'humidité exposerait les boutures à pourrir. Si la chaleur est suffisante, la radification se fait promptement et les plantes deviennent dès-lors faciles à élever. On les plante à part, chacune dans un pot, dès qu'elles ont acquis un peu de force, et, à partir de ce moment, on les traite comme les sujets adultes.

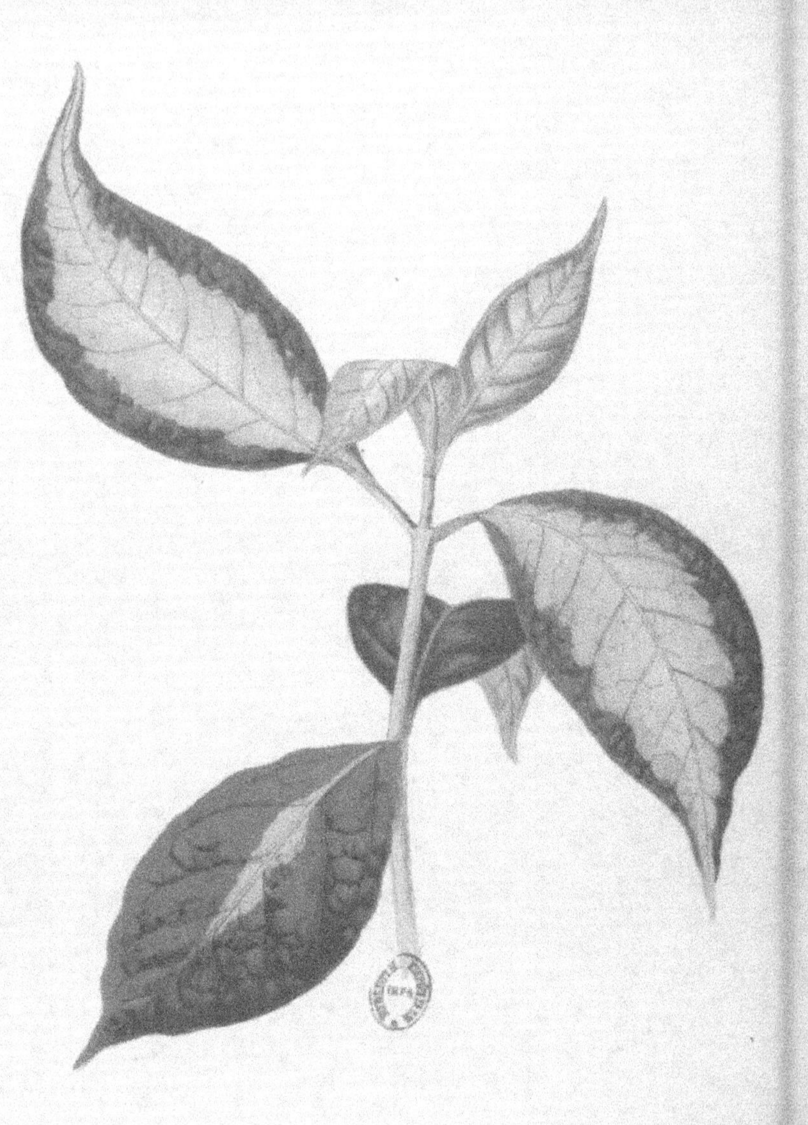

GRAPTOPHYLLUM PICTUM
XLV

GRAPTOPHYLLUM PICTUM

(Acanthacées — Pl. 45.)

Proche parente de l'Aphelandra Leopoldi dont il a été parlé
ci-dessus (n° 27), la jolie Acanthacée qui fait le sujet de cet
article est déjà une ancienne favorite de nos serres chaudes.
Elle y date de 1815, époque où elle nous a été apportée de
l'Inde.

C'est un arbuste de 2 à 3 mètres de haut, à feuilles lisses,
vertes, portant, sur le milieu de leur limbe, une large macule
d'un blanc jaunâtre, où l'imagination complaisante des jardi-
niers a voulu voir l'effigie d'une figure humaine. Nous n'affir-
mons pas que la ressemblance soit complète, mais, ce que nous
nous plaisons à attester, c'est que l'arbuste est distingué et très-
ornemental. De même que le Croton variegatum, il aime le plein
soleil ; à mi-ombre, les teintes de ses feuilles perdraient de leur
vivacité.

Comme beaucoup d'autres Acanthacées de l'Inde, celle-ci se
contente d'une température de 22 à 25° en été, et de 10 à 15° en
hiver. Elle serait vraisemblablement de pleine-terre dans les
parties chaudes du midi de l'Europe, où nous ne sachons pas
que la culture en ait été essayée. Dans les serres, on la cultive
en pots ou en caisses, dans un mélange de terre argileuse et de
terre de bruyère, auquel on ajoute une bonne dose de fumier
de vache décomposé. Pour l'avoir tout à fait belle, il est bon de
la tailler, afin d'en régulariser la tête, et lui faire prendre une
forme touffue.

La multiplication se fait de boutures, prises sur de jeunes
branches, qu'on pique en terre de bruyère et qu'on recouvre
d'une cloche. La terre doit être chauffée à 20 ou 22°. Les bou-

tures s'enracinent d'ailleurs facilement; dès qu'elles sont reprises, on les empote dans le compost indiqué ci-dessus, et
on les découvre petit à petit, pour les habituer au contact de
l'air.

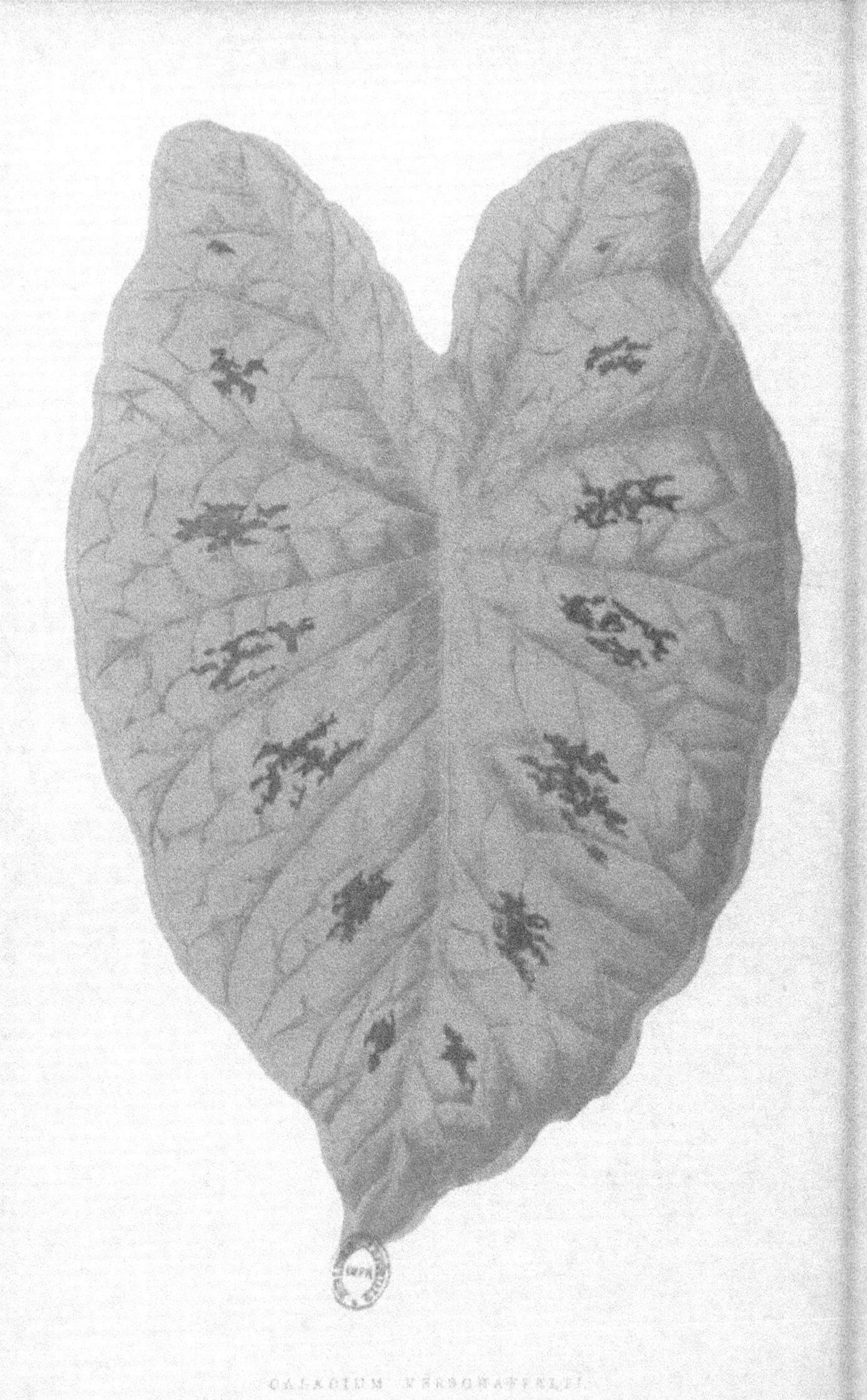

CALADIUM VERDONATUM
XLVI

CALADIUM VERSCHAFFELTII

Une nouvelle preuve de ce que nous disions plus haut de
l'excellence des Aroïdées comme plantes à beau feuillage, nous
est fournie par cette charmante espèce. Ici, ce ne sont plus des
marbrures blanches, mais des macules rouge vif qu'on dirait
produites par autant de gouttelettes de sang. Que de contrastes
la nature ne sème-t-elle pas entre les êtres les plus voisins
par l'organisation !

Comme beaucoup de ses congénères, le C. Verschaffeltii est
originaire de la région des Amazones ; il a été lancé dans le
commerce par un horticulteur parisien, M. Chantin, en 1857.

Pour la taille et le port, c'est à très-peu près la répétition du
C. pictum, dont il a d'ailleurs le tempérament. Il lui faut de

même une température estivale de 22 à 27°, et un temps de
repos en hiver, avec 16 à 18°. Sa culture suit d'ailleurs la même
règle que celle des autres espèces du genre, savoir : compost de
terre franche et de terre siliceuse, pots fortement drainés, et
arrosages copieux pendant la période d'activité de la végétation.
La multiplication se fait de même par le bouturage des rejets
plus ou moins enracinés qu'il émet de sa souche.

PTERIS ASPERICAULIS
Var. Tricolor
XLVII

PTERIS ASPERICAULIS. VAR. TRICOLOR

(POLYPODIACÉES. — PL. 47.)

Celui qui, il y a cinquante ans, aurait rêvé de Fougères tricolores aurait certainement passé pour un insensé ; tout au moins
eût-il été mis au niveau des chercheurs de la Rose bleue, de la
Tulipe noire et du Chou colossal. Eh bien, malgré les sages, la
Fougère tricolore est inventée ; nous l'avons vue de nos propres
yeux, et pour preuve de son existence nous en donnons la figure
coloriée ci-contre, qui en est une copie fidèle. Qu'on ne se hâte
donc plus de déclarer une chose impossible par la seule raison
qu'elle n'existe pas. L'impossible d'aujourd'hui sera peut-être la
réalité de demain ; il ne se passe pas de jour que nous n'en
voyions quelque exemple.

7

La Fougère tricolore nous vient en droite ligne de l'Amérique du Sud, et c'est M. Linden, directeur du jardin zoologique et botanique de Bruxelles, qui a eu l'honneur de l'introduire en Europe.

Élégante de formes et de port, ses frondes pinnées sont parcourues par une large bande d'un blanc argenté qui occupe à peu près le tiers de leur largeur, et sur laquelle tranchent les nervures rouges des pinnules; le dessous présente une disposition semblable, mais avec d'autres couleurs; le blanc pur y est remplacé par le rose, et le vert par un carmin foncé. C'est certainement de toutes les Fougères panachées celle qui produit le plus d'effet. Quelle autre romprait aussi bien qu'elle la monotonie de verdure d'une collection de Fougères?

Elle est de serre chaude, et, comme toutes les espèces de sa famille, elle veut une lumière affaiblie et une certaine humidité dans l'atmosphère ambiante. Elle se plaît dans un compost de terreau de feuilles fortement mélangé de sable siliceux ou de terre de bruyère, en pots ou en caisses parfaitement drainés. Il est nécessaire de la rempoter en mars, et souvent même une seconde fois en juin, parce que, si ses rhizomes éprouvent de la gêne dans un vase devenu trop étroit, elle languit et ne donne plus qu'un maigre feuillage. On profite d'ailleurs de l'occasion des rempotages pour la multipliplier par division des rhizomes, en ne détachant, bien entendu, que ceux qui tiennent à une pousse déjà formée. En été, on donne de copieux arrosages, qu'on modère seulement en hiver, sans les supprimer, parce que si la terre où elle est plantée se desséchait elle périrait à peu près infailliblement.

La multiplication par pousses enracinées reproduit identiquement les couleurs du feuillage, mais on ignore encore si on obtiendrait le même résultat par le semis des spores. Ce résultat, cependant, est probable, attendu que les spores des variétés monstrueuses de nos Fougères communes reproduisent généralement les monstruosités caractéristiques des plantes mères. Au surplus, la belle Fougère colorée dont il est question ici ne paraît pas avoir encore fructifié dans les serres; si elle le fait un jour, il y aura grande chance pour que ses spores donnent naissance à de nouvelles variations non moins ornementales et curieuses.

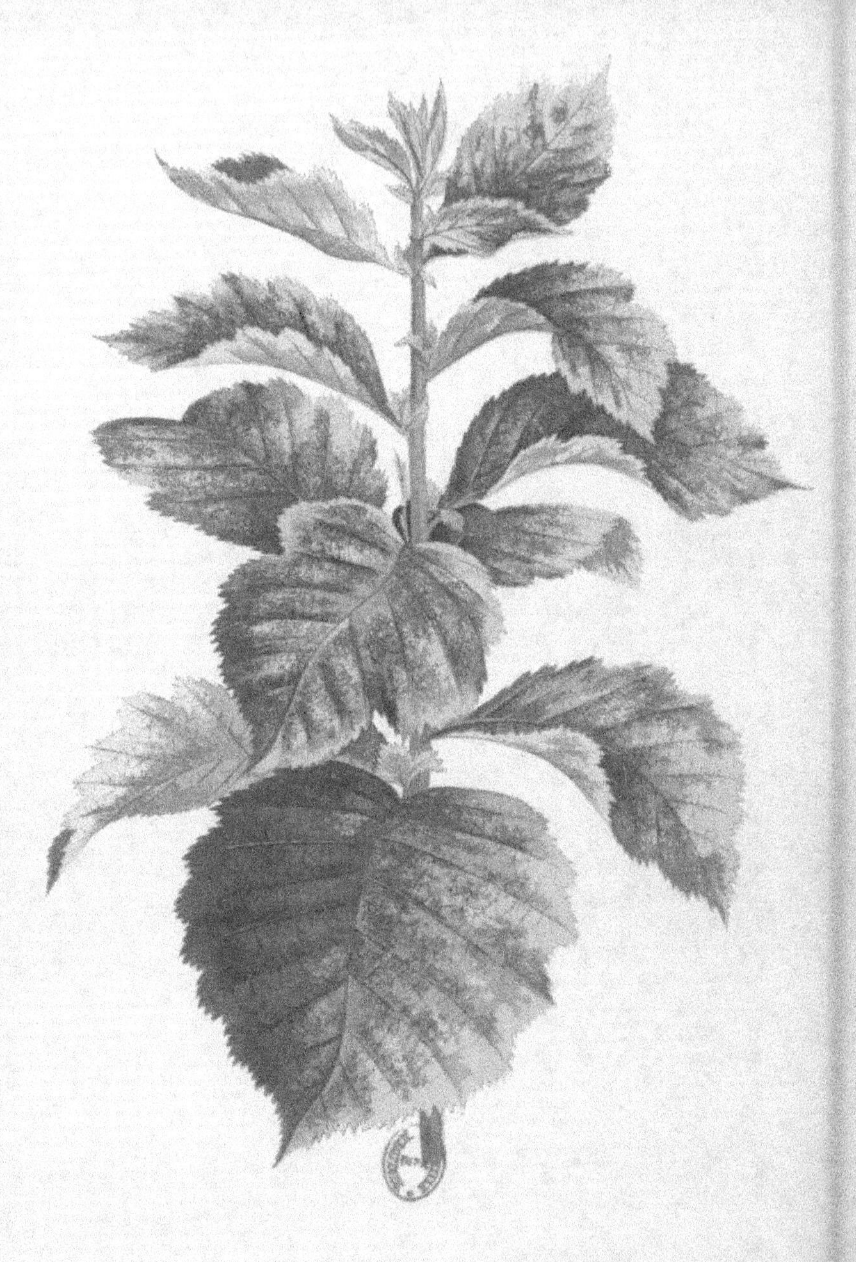

CRATÆGUS PRUNIFOLIA VARIEGATA.

XLVIII

CRATÆGUS PRUNIFOLIA VARIEGATA

(ROSACÉES. — PL. 48.)

Nous avons affaire ici à un arbre rustique, destiné aux jardins paysagers, dont il sera l'ornement sous le triple rapport de son feuillage, de ses fleurs et de ses fruits. L'espèce type est originaire de l'Amérique du Nord; la variété panachée a été obtenue de semis en Angleterre, d'où elle ne tardera pas à se répandre sur le continent.

C'est un arbre bas et buissonnant, à tête touffue, non épineux comme sa congénère l'Aubépine de nos climats, à feuilles ovales. Ces feuilles sont ici largement marbrées de blanc jaunâtre ; elles donnent à l'arbre un aspect des plus singuliers et des plus décoratifs.

Rien d'ailleurs de plus facile que sa culture. A proprement parler il vient dans tous les sols, et même il est avantageux, au point de vue du genre d'ornementation qu'on veut obtenir ici, que le sol soit un peu maigre. Dans tous les cas, on doit s'abstenir de le fumer, parce que l'arbre trop richement nourri et trop vigoureux tendrait à reprendre la teinte verte qui lui est naturelle.

On peut à peine douter que le semis de ses pepins ne dût reproduire dans un certain nombre d'individus, sinon dans tous, les panachures du feuillage qui font son principal mérite, et cette voie de propagation devrait être essayée; toutefois, pour l'amateur auquel un petit nombre d'arbres pourront suffire, il sera plus simple de recourir à la greffe sur Aubépine. On y emploiera la greffe en fente ou en écusson indifféremment; seulement, il faudra faire attention à ne prendre pour greffes que des rameaux sur lesquels les panachures seront bien prononcées. On greffe en fente en février et mars, et aussi en septembre; mais, dans cette dernière saison, il vaudra peut-être mieux employer l'écussonnage *à œil dormant*, qui donnera de fortes pousses l'année suivante.

Mais les feuilles, avons-nous dit plus haut, ne sont pas le seul agrément de ce Cratægus américain; au printemps, il se couvre d'une multitude de beaux corymbes de fleurs blanches, auxquels succèdent des baies d'un rouge assez vif à l'arrière-saison. Ces baies sont recherchées par les oiseaux frugivores, en particulier par les merles, les grives et les mauvis. A ce propos, l'auteur anglais de cet article nous raconte l'historiette suivante :

« Un dimanche matin, à mon retour des offices, j'aperçus une bande de grives occupées à déjeuner sur mon arbre, comme elles le faisaient tous les jours depuis quelque temps. Je les laissai faire; mais revenant une demi-heure après, je ne fus pas peu surpris de voir une de ces grives prise comme dans un piége, et se débattant vainement pour s'échapper. Mon étonnement fut bien plus grand lorsque, m'étant approché, je découvris qu'elle avait le bout de la queue engagé dans un petit glaçon qui entourait la branche de l'arbre. Voici ce qui était arrivé : Un rayon de soleil avait fondu momentanément le givre qui couvrait l'arbre; puis le soleil ayant disparu, et une bise du nord assez froide ayant soufflé, l'eau qui coulait sur les branches se congela de nouveau, saisissant la queue de l'oiseau, trop occupé de ce qui était devant lui pour s'inquiéter de ce qui se passait derrière. De là la cruelle position dont, je dois le dire à ma louange, j'eus hâte de le délivrer, en coupant d'un coup de ciseau les malencontreuses plumes qui faisaient de lui un Absalon d'un nouveau genre. Après l'avoir réchauffé quelques instants auprès du feu, je le remis en liberté, ne gardant, comme témoignage du fait, que les plumes coupées. »

Nous n'ajouterons qu'une seule réflexion à l'historiette; c'est celle-ci : *Si non é vero, è bene trovato.*

A. LEUCONOTIS JAPONICA ATRATA VARIEGATA
B. MARANTA MICANS
XLIX

EVONYMUS JAPONICUS AUREUS VARIEGATUS

(CÉLASTRINÉES. — PL. 49ᵃ.)

Le Fusain du Japon, ce bel arbuste au feuillage luisant et persistant, est, tout le monde en convient, un des grands ornements de nos jardins paysagers dans le nord, et principalement au voisinage de la mer, où l'humidité atmosphérique autant que la douceur du climat lui donnent cette teinte vert foncé, indice infaillible d'une santé florissante. Cette brillante verdure est son vrai titre à la faveur dont il jouit, mais, sans cesse répétée, elle devient monotone, et il est bon que d'autres teintes viennent de loin en loin en rompre l'uniformité. C'est l'arbuste lui-même qui ici va nous donner cette teinte nouvelle, dans la charmante variété à feuilles jaune pâle marginées de vert qu'on voit représentée ci-contre.

Le Fusain du Japon réussit dans tous les sols de qualité moyenne, pourvu que l'eau n'y reste pas stagnante. Dans toutes les régions maritimes, comme dans le midi de la France, il résiste aux plus rudes hivers, et il n'est pas rare de l'y voir fleurir et fructifier; dans le nord-est, pays froid, il demande des abris, aussi est-il bon de l'abriter par un mur faisant face au midi; mais là, malgré tous les soins, il n'a jamais la brillante fraîcheur qu'on lui connaît sous des climats plus doux. Même à Paris, il n'est pas sans exemple qu'on l'ait vu tué jusqu'à la racine par la gelée; ces accidents, toutefois, n'y sont pas communs. Au surplus, là où le ciel lui est inclément, rien n'empêcherait qu'on en fît un arbuste d'orangerie, en le plantant en caisses ou en pots. Ces soins seraient particulièrement recommandés pour la variété panachée, moins robuste que la forme normale.

On la multiplie, soit de graines là où l'on peut en obtenir de mûres, soit de boutures ou de couchages. Les couchages se font en juin, dans une terre légère, qu'on tient constamment un peu humide. En automne, les branches couchées sont ordinairement assez bien enracinées pour qu'on puisse les séparer de la plante mère. Pour aider à leur enracinement on fait une entaille en dessous, sur le milieu de la courbure, afin d'arrêter la marche de la sève descendante dans le chicot, qu'on tient d'ailleurs écarté du reste de la branche, en insérant dans l'entaille, longue de 2 à 3 centimètres, une petite pierre ou une brindille de bois. Les nouvelles plantes ainsi obtenues se plantent séparément; on pourrait aussi attendre la fin de l'hiver pour faire cette transplantation.

Pour faire des boutures avec tout le succès désirable, il est nécessaire de tenir quelque temps l'arbuste sous verre, dans une bâche vitrée par exemple, ou dans une serre fermée. Par là, ses rameaux s'étiolent, et ils acquièrent bien plus d'aptitude à s'enraciner. On en coupe de jeunes pousses, longues de 10 à 15 centimètres, et, après les avoir débarrassées des feuilles inférieures, on les pique dans des pots remplis de terre de bruyère, qu'on plonge ensuite dans la tannée chauffée à 18 ou 20°. Les boutures ne tardent pas à s'enraciner, et, dès qu'elles sont bien reprises, on les empote à part, et on les tient encore quelque temps enfermées, puis on les découvre petit à petit pour les habituer graduellement à supporter le contact de l'air.

S'il s'agit de la variété panachée, on aura soin de prendre les boutures sur des rameaux présentant au plus haut degré la teinte qu'il s'agit de reproduire. C'est du reste ce que le lecteur devine, sans qu'il soit nécessaire de l'en avertir.

MARANTA MICANS

(MARANTACÉES. — PL. 49 b.)

Sur la même planche qui contient la figure du Fusain du Japon panaché, se voit aussi celle de la jolie Marantacée dont il va être question ici.

Elle est, comme un si grand nombre de ses congénères, de l'Amérique intertropicale, partant de serre chaude. Son introduction en Europe date de 1854.

C'est la plus petite espèce du groupe, une espèce comparativement lilliputienne, charmante miniature dont le feuillage vert est traversé dans toute sa longueur par une bande blanche à contours déchiquetés. Sans exagération, on peut dire que c'est une perle dans son genre.

Mais aussi sa culture n'est pas sans difficultés, et il faut une certaine attention pour la maintenir florissante. On y parvient en la plantant dans un sol très-léger, très-siliceux, composé de sable et de terre de bruyère, additionné d'un peu de terreau de

feuilles et de quelques fragments de charbon. Les pots doivent
être de petite taille, même eu égard au volume de la plante ;
ils doivent être surtout parfaitement drainés, au moyen d'une
couche de tessons recouverte elle-même d'un lit de mousse. On
met la plante sur un rayon près du vitrage, mais en l'abritant
contre les rayons directs du soleil. Donnez en été des arrosages
proportionnés à l'activité de la végétation ; en hiver, quand la
plante se repose, contentez-vous d'entretenir la terre légèrement
humide.

La multiplication se fait à l'aide des pousses qui sortent du
rhizome, autour du pied. Lors des empotages, au printemps, on
les détache avec quelques racines, et on les plante dans des
pots qu'on recouvre d'une cloche, et qu'on enfonce dans la
tannée chauffée à 24 ou 25°. L'opération doit se faire dans un
endroit un peu obscur de la serre. Les boutures reprises, on les
empote de nouveau, en leur donnant tous les soins ultérieurs
réclamés par le tempérament de la plante.

DAPHNE CNEORUM VARIEGATUM.

DAPHNE MEZEREUM VARIEGATA

(Thyméléacées. — Pl. 50.)

Le Mézéréon est un sous-arbuste indigène, commun surtout dans les montagnes du centre et du midi de la France. Depuis des siècles usité en médecine, il a été plus récemment introduit dans les jardins, qu'il égaye de son feuillage, de ses jolies petites fleurs blanches, rosées ou violettes, et plus tard de ses baies jaunes. Comme plusieurs de ses congénères, il est d'une rusticité à toute épreuve.

La variété panachée, dont on voit ici la figure, nous vient d'Angleterre, où elle a été obtenue de semis par un jardinier de Leeds, en 1856, puis, pour plus de sûreté, multipliée de greffes sur d'autres Daphnés, en ne prenant pour greffer que les rameaux les plus panachés. Comme la forme type, la variété panachée forme un petit buisson touffu, ou du moins qui le devient quand on l'assujettit à une taille raisonnée. Ses feuilles ovales, d'un vert pâle au milieu, sont largement marginées de blanc, avec des macules d'un vert foncé disséminées çà et là vers l'extrémité du limbe.

La meilleure terre qu'on puisse lui donner est un mélange de terre franche fortement additionnée de terre de bruyère ou de sable siliceux. Il faut éviter avec soin d'y ajouter des engrais quelconques. On a remarqué que ce Daphné vient mal dans les sols humides, comme aussi dans les villes enfumées du Nord.

La meilleure manière de le multiplier est la greffe, soit en fente, soit en placage, ou toute autre. On prend pour sujet quelque autre Daphné, la Lauréole (DAPHNE LAUREOLA) par exemple. Cette greffe se fait en mars, un peu avant que la végétation ne commence.

fente, soit en placage, ou toute autre. On prend pour sujet quelque autre Daphné, la Lauréole (DAPHNE LAUREOLA) par exemple. Cette greffe se fait en mars, un peu avant que la végétation ne commence.

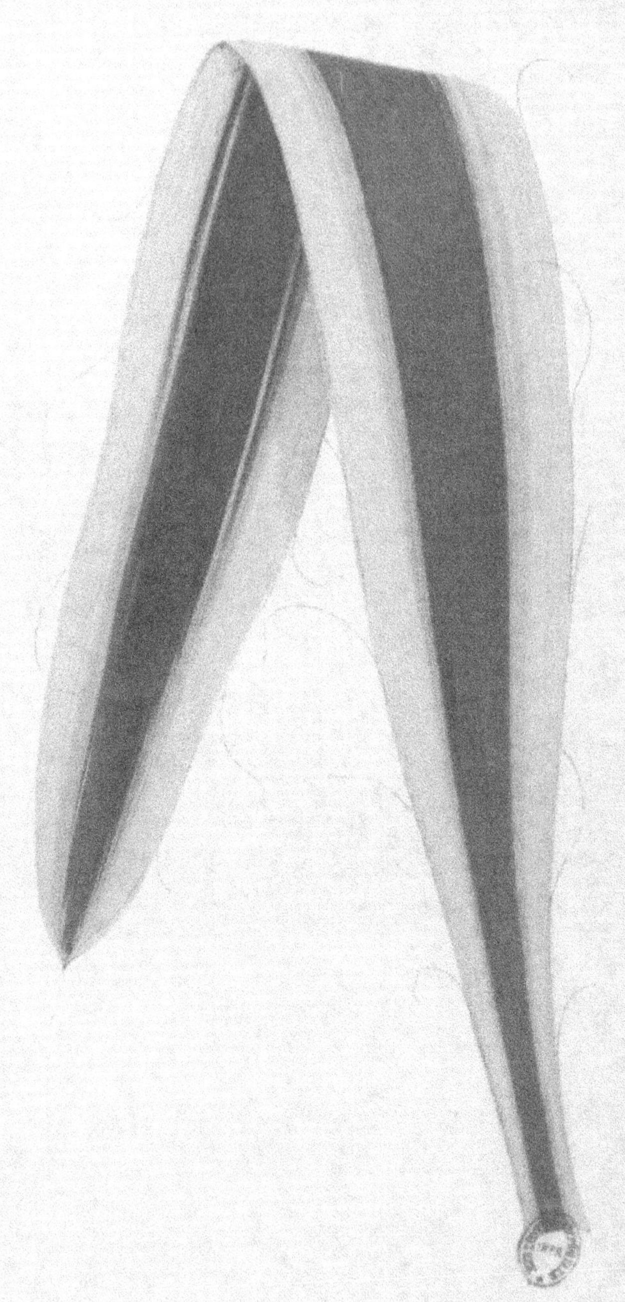

LI

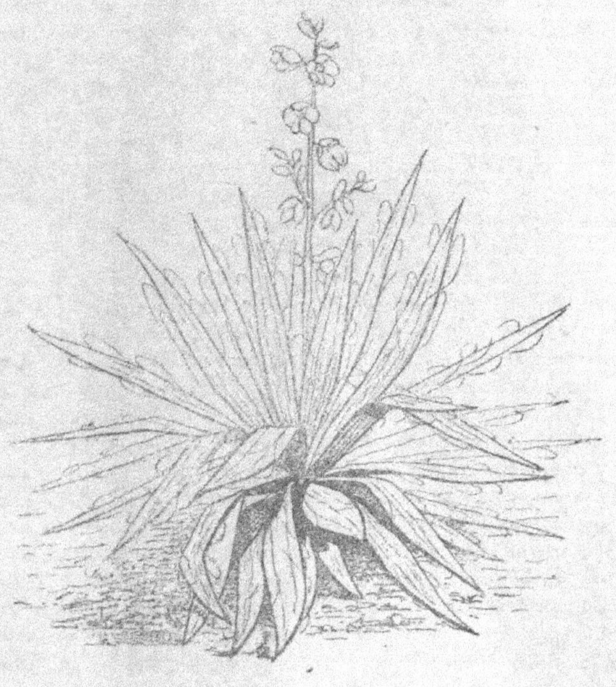

YUCCA FILAMENTOSA VARIEGATA

Prévenons tout de suite le lecteur que c'est par erreur que la planche ci-jointe porte le nom de Yucca aloifolia. Cette dernière est une tout autre espèce que celle dont nous avons à parler ici.

Qui ne connaît les Yuccas, ces superbes Liliacées arborescentes de l'Amérique du Nord, qui seraient presque des palmiers si leurs feuilles, au lieu de rester simples et de reproduire la forme d'une

épée acérée, se divisaient en pinnules ou s'étalaient en éven-
tail ? Mais, telles qu'elles sont déjà, elles n'en forment pas moins
à l'arbuste une tête d'un aspect des plus singuliers. On sent, rien
qu'à voir ces plantes, qu'elles tiennent déjà de la végétation tropicale, et cependant plusieurs d'entre elles sont encore rustiques
dans le nord de la France. Sous le ciel plus heureux du midi, elles
deviennent de véritables arbres, rivaux des Palmiers de second
ordre, qu'elles éclipsent d'ailleurs par la grandeur et la richesse
de leurs inflorescences, et là, sous les puissants rayons du soleil,
elles mûrissent des fruits, qu'on prendrait de loin pour de volu-
mineuses bananes.

Les Yuccas sont, à tous les points de vue, une des plus belles
acquisitions de nos jardins d'agrément, aussi n'y a-t-il pas lieu
de s'étonner s'ils jouissent de tant de faveur dans le public
horticole. D'ici à peu d'années, ils joueront un grand rôle dans
la décoration des jardins publics de nos villes.

L'espèce en question ici est originaire de la Virginie; son
arrivée en Europe date de 1720, mais la variété panachée est
beaucoup plus récente, et, il faut le dire, encore peu répandue
hors des jardins d'Angleterre. On voit qu'ici la panachure consiste en deux larges rubans blanc jaunâtre qui courent le long
des bords de la feuille, séparés l'un de l'autre par un ruban vert
foncé. Le bas du limbe est légèrement teinté de carmin.

Comme tous les Yuccas, celui-ci veut une terre riche, bien
fumée, bien perméable à l'eau, et une exposition en plein soleil.
On le multiplie à l'aide des pousses latérales qui naissent sur sa
tige, lorsqu'il est adulte. On les enlève par un coup de serpette
donné au ras de la tige, et on les bouture en pleine terre, dans
un endroit chaud, mais ombragé, où on leur donne quelques
arrosages si le besoin s'en fait sentir. Ils s'y enracinent, et au
bout d'un an ils sont assez forts pour être replantés à demeure.

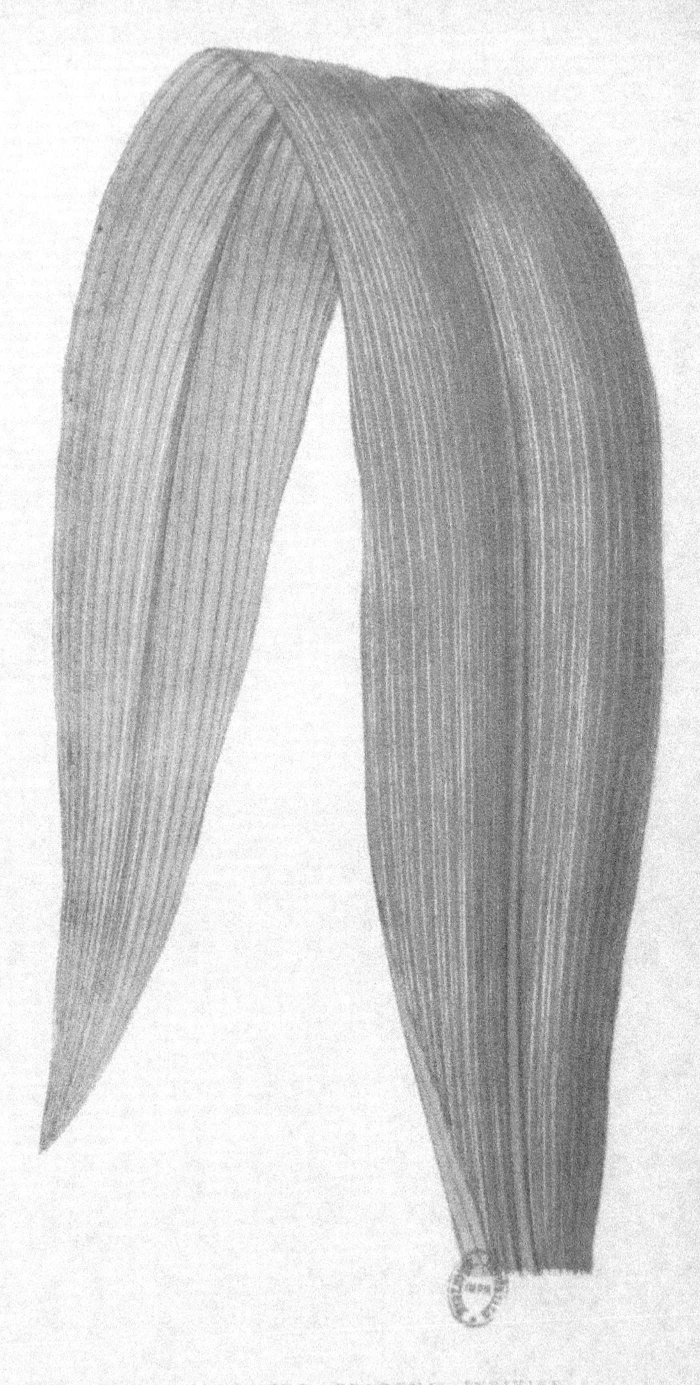

CORDYLINE (DRACÆNA) INDIVISA.

LII.

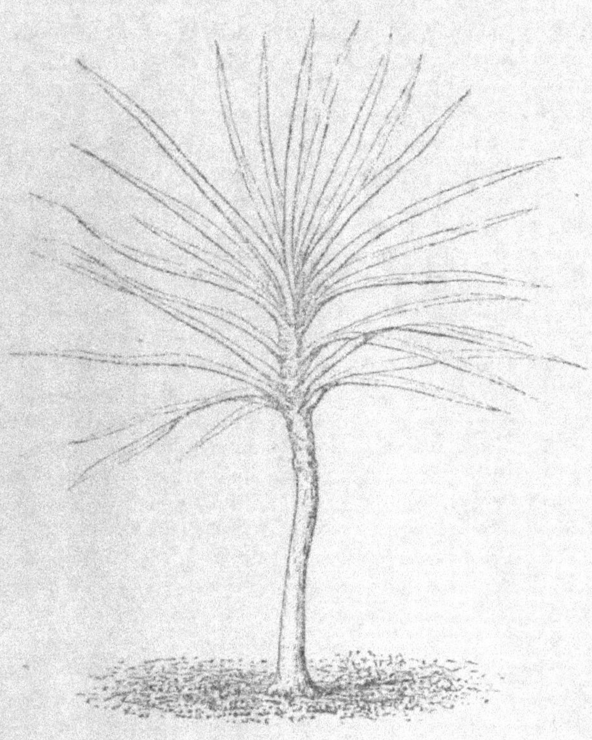

CORDYLINE (DRACÆNA) INDIVISA VAR. TRICOLOR

Voici assurément un des plus beaux arbres monocotylédonés
qui aient été introduits dans l'horticulture depuis bien des années, mais qui a le défaut grave d'être encore rare et très-cher,
défaut qui vraisemblablement diminuera tous les ans. L'arbre est
presque aussi beau qu'un Palmier, et aussi grand qu'un Palmier
de moyenne taille, dont il a à peu près le port. Ce qui le ren-
dra surtout précieux pour nous, c'est sa rusticité, probablement

assez grande pour qu'on puisse le cultiver à l'air libre dans le midi et l'ouest de la France, là au moins où il trouvera des abris contre le vent du nord.

Ce beau Dragonnier est originaire de la Nouvelle-Zélande, île située, comme on le sait, aux antipodes de la France, et qui a quelques latitudes communes avec nous. De plus il croît sur des montagnes d'une certaine hauteur, ce qui refroidit notablement le climat du lieu. Ce n'est donc pas trop s'aventurer que de le supposer rustique pour une notable partie de notre pays.

Il s'élève sur une seule tige, à la hauteur de 6 à 7 mètres, se couronnant au sommet d'une énorme gerbe de feuilles linéaires, longues de 1^m,50 à 2 mètres, dont les inférieures retombent gracieusement autour de la tête. Ces feuilles sont d'un vert bronzé, mais sur leur fond se détache, en rouge carmin, la longue nervure qui les parcourt de la base au sommet. Cette ligne colorée s'accompagne de plusieurs autres, alternativement blanches et rouges, courant parallèlement à elle, et sur toute la largeur de la feuille, qui devient par là rigoureusement tricolore. Les fleurs, en nombre immense, forment une énorme panicule blanche, à rameaux étalés ou retombants. On peut juger par ce peu de mots si nous avons surfait son mérite, en l'annonçant comme une des grandes acquisitions modernes du jardinage ornemental.

En pleine terre, sous un climat favorable, ce bel arbre réussira dans tous les sols de qualité moyenne, à la condition qu'ils ne retiennent pas l'eau, dans les terres argileuses principalement. Là où il faudra l'abriter sous verre, c'est-à-dire en orangerie, on le plantera en caisse, dans un mélange de bonne terre franche, de terreau de feuilles et de sable siliceux, en proportions égales. On rencaissera tous les ans, en mars, avec renouvellement de la terre, comme on le fait pour les orangers, et on aura soin de bien drainer le récipient, et de donner de copieux arrosages tant que la plante sera dans la période de végétation. On tiendra l'arbre en plein air, comme les autres plantes d'orangerie, du commencement de mai à la fin de septembre, dans un lieu où il soit à l'abri des grands vents, qui pourraient fatiguer le feuillage. Mais, nous le répétons, c'est surtout à la pleine terre que ce superbe végétal nous paraît destiné, et c'est là qu'il acquerra toute la majesté de port dont il est susceptible.

Sa multiplication s'est faite jusqu'ici de graines apportées directement de la Nouvelle-Zélande; mais comme quelques individus ont déjà commencé à donner des pousses latérales de leur pied, il n'est pas douteux que ces pousses ne puissent servir à la multiplication, par voie de bouturage à chaud. Peut-être même se ramifie-t-il quelque peu par en haut, lorsqu'il est adulte, et ce serait encore là un moyen de se procurer des boutures.

Le CORDYLINE INDIVISA qui n'a longtemps existé qu'en Angleterre, principalement chez MM. Lee, horticulteurs de Londres, commence à se répandre sur le continent, mais tous les sujets existants sont encore jeunes, et aucun d'eux n'y a atteint la taille normale et n'y a encore montré ses fleurs.

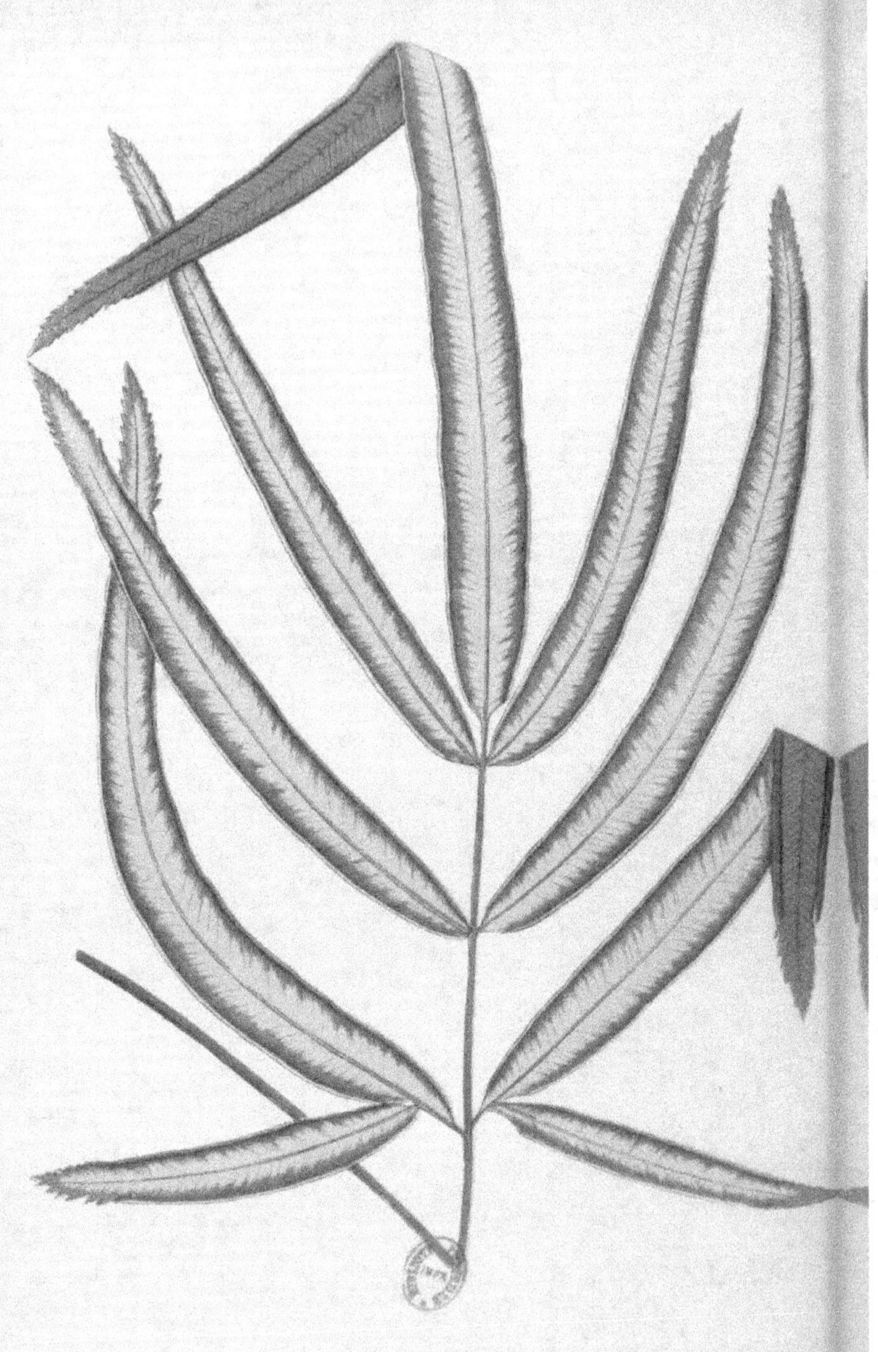

PTERIS CRETICA.

Var. Albo-lineata.

LIII

PTERIS CRETICA ALBO-LINEATA

(FOUGÈRES. — PL. 53.)

Encore une Fougère panachée, et une charmante espèce. S'il
est une plante cosmopolite au monde, c'est bien celle-ci : on la
trouve dans l'Inde, le Bengale, l'Himalaya (où elle croît jusqu'à
2,000 mètres au-dessus de la mer), à Java, Ceylan, les Philip-
pines, les îles Sandwich, le Mexique, le Guatimala, la Perse,
l'Afrique australe, l'Arabie, l'Abyssinie, le Caucase, la Sibérie,
l'île de Crète, et enfin la Corse et Nice en France. Elle s'accommode, comme on voit, de tous les climats.

La variété ici représentée, et désignée par quelques horticulteurs sous le nom de BICOLOR, a été rapportée de Java en Angleterre, en 1860. On voit, dans la figure très-exacte qui accompagne ce texte, que la couleur de ses frondes est le blanc laiteux,
marginé de vert à la face supérieure; la face inférieure est
uniformément verte entre les deux lignes brunes des fructifica-
tions qui en suivent les bords. Elle réussit supérieurement dans
la serre tempérée, ou, pour mieux dire, elle vient tout aussi bien,
en serre chaude et en orangerie, à la condition d'être en lieu faiblement éclairé, et dans une atmosphère humide. Elle reste
toujours basse, en ce sens que ses frondes ne s'élèvent guère
qu'à 30 ou 35 centimètres, et souvent même moins, mais elle fait
des touffes bien fournies et bien pleines, lorsqu'elle est vigou-
reuse, et elle persiste très-longtemps dans cet état.

Chose intéressante et curieuse, cette belle race panachée se
reproduit identiquement par le semis de ses spores ; c'est-à-dire
que tous les sujets que l'on en obtient sont pareillement panachés, sans qu'aucun retourne au type de l'espèce qui est uni-

formément vert. Le fait a été constaté par un amateur anglais, M. Crocker, qui en possède aujourd'hui plusieurs centaines.

Sa nature n'a rien de particulier ; elle suit la règle de toutes les Fougères admises dans nos serres.

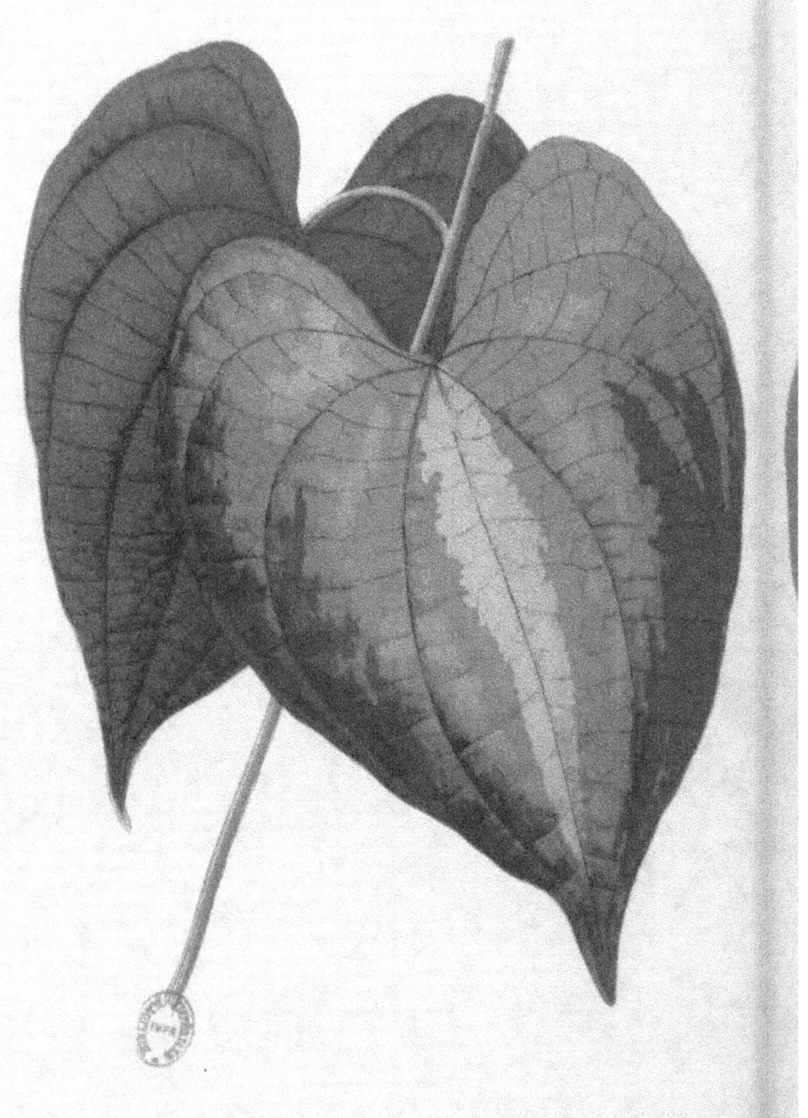

DIOSCOREA DISCOLOR

(DIOSCORÉACÉES. — PL. 54.)

La famille des Dioscoréacées, ou des IGNAMES, n'est guère connue que par les plantes alimentaires qu'elle fournit à l'agriculture des pays chauds, et par l'IGNAME DE CHINE, introduite il y a quelques années en Europe, et qui prospère encore sous nos climats. Cette famille n'est cependant pas entièrement déshéritée de plantes d'ornement; nous en avons la preuve dans celle dont on voit ci-contre l'image coloriée. Insignifiante par ses fleurs comme toutes les Ignames, elle se relève par le beau coloris de son feuillage, qui la met presque au niveau du CISSUS DISCOLOR dont nous avons fait l'histoire un peu plus haut.

Comme presque toutes les Ignames, c'est une plante à tige grimpante, volubile, annuelle, à racine charnue et persistante, émettant tous les ans de nouvelles tiges. Ses feuilles sont grandes, cordiformes, lisses, d'un beau vert en dessus, avec une large traînée blanche vers le milieu, d'un rouge carmin uniforme et assez foncé en dessous. On en obtient de très-beaux effets en la palissant sur un treillis de fil de fer, en forme de globe ou de ballon.

On la cultive en pots ou en caisses, dans une serre chaude, et près des vitraux. Elle s'accommoderait de toute espèce de terre, si elle était en pleine terre, à l'air libre, sous un climat convenable; mais dans nos serres, et pour des plantes en pots, la terre doit être plus légère et plus perméable à l'eau, aussi convient-il d'y mêler, dans une assez forte proportion, du terreau de feuilles et du sable siliceux, le reste se composant, pour un tiers, de bonne terre de jardin. On arrose copieusement pendant toute la belle saison, et lorsque les feuilles commencent à jaunir, à l'arrière-saison, on coupe les tiges au ras du sol, et on laisse le rhizome se reposer jusqu'au printemps suivant. En hiver, il suffit que la terre reste légèrement humide; des arrosages trop abondants alors provoqueraient la pourriture de la racine.

La plante est originaire de l'Amérique méridionale. Son introduction en Europe remonte à l'année 1820.

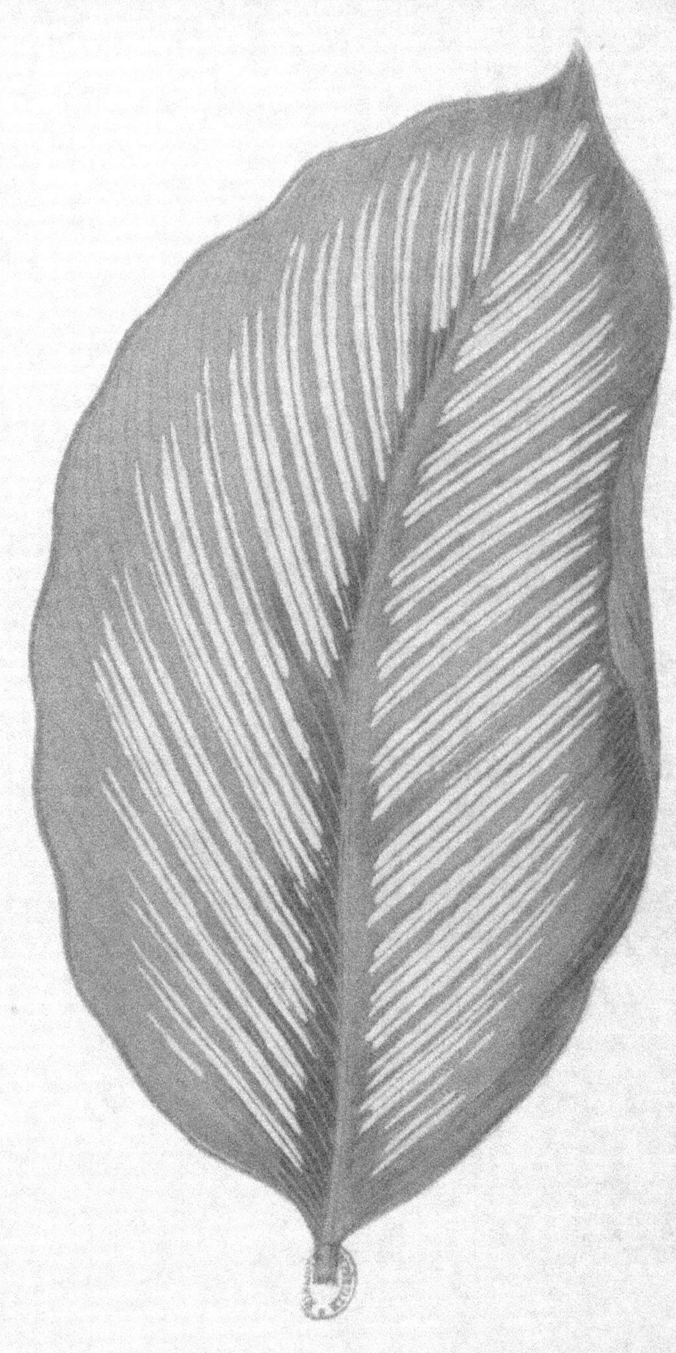

MARANTA ALBO-LINEATA

LV

MARANTA ALBO-LINEATA

Peut-on considérer la jolie Marantacée ci-jointe comme une espèce différente du MARANTA VITTATA dont nous avons déjà fait l'histoire? Les uns disent oui, les autres inclinent à n'y voir qu'une légère variante de cette dernière espèce. Entre deux opinions contraires, et faute de preuves pour nous prononcer, soit pour l'une soit pour l'autre, nous nous bornerons à recommander aux amateurs de beaux feuillages une plante, qui, quelque nom qu'on lui donne, est une précieuse acquisition pour nos serres chaudes.

Elle nous vient, comme ses congénères, des parties chaudes de l'Amérique du Sud. Sa culture est exactement celle du CALATHEA ZEBRINA, des MARANTA et de toutes les autres Marantacées de ce pays.

TUSSILAGO TARTARA FOLIIS VARIEGATIS
LVI

TUSSILAGO FARFARA FOLIIS VARIEGATIS

(COMPOSÉES-ASTERACÉES.) PL. 56.)

Quoique originaire de nos climats, et même fort commun
dans les fossés humides, le vulgaire Tussilage, ou PAS-D'ANE,
comme on dit dans quelques-unes de nos provinces, va nous
fournir un digne pendant du FARFUGIUM exotique, aux macules
jaunes, dont nous avons fait l'histoire (voy. n° 11). C'est qu'aussi la
variété dont nous donnons ci-contre l'image se fait remarquer
par une richesse de coloris et une netteté de dessin qui ne
sont pas communes. On voit que ces feuilles, dont le centre est
normalement vert, sont largement marginées de jaune, et
qu'entre ce jaune et le vert du centre, il y a encore une zòne
irrégulière d'un vert gris. Nous pourrions ajouter que, sur
le bord même de la feuille, on voit courir un étroit liseré, dont
la teinte approche de celle du carmin. En voilà plus qu'il n'en
faut pour faire entrer cette jolie variation dans les jardins.

Le Tussilage est rustique au plus haut degré. Dès le milieu de
mars, et quelquefois plus tôt, il pousse de terre de courtes tiges
cotonneuses et blanchâtres, terminées par des fleurs jaunes qui

ne sont pas sans agrément dans cette saison ; puis, quand les graines ont mûri, les feuilles à leur tour sortent de terre, et s'étalent au soleil. C'est le plus beau moment pour la variété panachée.

Rien de plus facile que la culture du Tussilage ; il vient en toute espèce de terre, pourvu qu'elle ait de l'humidité. La multiplication se fait à l'aide de tronçons du rhizome. C'est la seule manière, du reste, de conserver pure la variété panachée dont il vient d'être question.

HEDERA HELIX VARIEGATA.

LVII

HEDERA HELIX VARIEGATA

(ARALIACÉES. — PL. 57.)

Le Lierre (Ivy des Anglais, au pluriel *Ivies*, du celtique *iv*
qui signifie *vert*) est, dans nos climats septentrionaux, le seul représentant de ces nombreuses araliacées des pays chauds, que
nous introduisons avec tant d'empressement dans nos serres,
et à coup sûr il n'est pas une des moins belles. De tout temps
on a tenu en haute estime son épais et luisant feuillage, qui, bra-
vant la rigueur des frimas, est pour les pays du nord presque le
seul souvenir d'une saison plus douce. Longtemps on l'a aban-
donné aux seuls soins de la nature, qui étale avec profusion ses
guirlandes vertes sur les rochers, les arbres des forêts et les
ruines, et c'est là véritablement qu'il est à sa place. Sa sombre
verdure s'allie à une nature désolée, et inspire la mélancolie;
aussi a-t-il été chanté par tous les poètes, et le trouve-t-on
associé aux philtres et aux enchantements de toutes les épo-
ques de crédulité. La science moderne l'a dépouillé de ses
propriétés magiques, mais elle lui a laissé sa beauté, et aujour-
d'hui il occupe une place distinguée dans l'horticulture ornementale.

Le Lierre habite des climats bien différents, car on le trouve
depuis le nord déjà torride de l'Afrique jusqu'aux confins de
l'Écosse et de la Norwége, mais suivant les lieux et les circons-
tances locales il prend des aspects différents, aussi en distin-
gue-t-on un grand nombre de variétés. Il diffère même suivant
qu'il est jeune ou adulte, qu'il rampe à terre, grimpe verticalement sur un appui, ou que, dépassant cet appui, il s'élance pour
ainsi dire dans le vide de l'atmosphère, sous les bienfaisants

rayons du soleil. Tant qu'il se traîne à terre, ses feuilles petites et lobées sont d'un vert terne et grisâtre et ses faibles tiges ne contractent aucune adhérence avec le sol; grimpe-t-il sur le tronc d'un arbre ou sur un mur, sa tige grossit, devient ligneuse et émet des milliers de radicelles qui l'attachent à son soutien; en même temps ses feuilles grandissent et prennent cette belle teinte verte et luisante que tout le monde lui connaît. Lorsqu'enfin il est arrivé au sommet de ce soutien, ses rameaux se dressent et se tiennent fermes; ses feuilles perdent leurs lobes et prennent une forme ovale; mais aussi l'arbre entre dans une nouvelle phase de sa vie : il fleurit et commence à se reproduire. Il n'est personne qui n'ait remarqué, sur la fin de l'automne, les jolies ombelles fleuries du lierre, et plus tard ses corymbes de baies noires, si recherchées des oiseaux, auxquels elles servent de provende pendant la saison d'hiver.

Le Lierre vit très-longtemps et devient à la longue très-gros et très-grand. On en cite qui sont âgés de plusieurs siècles, et dont le tronc mesure jusqu'à 2 mètres de circonférence. Il en existait un près de Montpellier, qui, du temps de Decandolle, couvrait sur des murs une surface de 72 mètres carrés, et était âgé alors de 433 ans. Sous le climat du nord de l'Angleterre et du nord de l'Allemagne, le lierre n'est plus qu'à demi rustique; il y gèle dans les grands hivers, ce qui fait soupçonner qu'il n'y est pas indigène, mais seulement naturalisé par les soins de l'homme.

Cette belle liane joue un rôle considérable dans l'horticulture moderne. On s'en sert pour tapisser les murs et en masquer la nudité; on la fait grimper au sommet des arbres, mais elle finit par les étouffer; en l'emploie enfin à faire des bordures le long des massifs, en fixant à terre ses sarments. Le meilleur emploi qu'on en puisse faire est toujours la décoration des murs et des rocailles, et c'est là précisément que peuvent trouver leur emploi ces jolies variétés panachées de blanc ou de jaune, dont nous donnons ci-contre la figure.

LVIII

ECHITES NUTANS

(APOCYNÉES. — PL. 58.)

Originaire de l'Amérique centrale, l'ECHITES NUTANS est pour nous une plante de serre chaude. Il est grimpant comme bon nombre d'espèces de sa famille, et il donne des fleurs blanches d'une odeur suave ; mais ce qui le recommande surtout, à notre point de vue particulier, c'est la gentillesse de son feuillage tout réticulé de veines pourpres, et qui le cède à peine en beauté à celui des brillants ANŒCTOCHILUS dont il a été parlé plus haut.

Qu'on ne s'y trompe pas cependant : pour être digne de lui-même, l'ECHITES NUTANS veut être cultivé avec soin ; négligé, il perd presque entièrement les teintes brillantes qui le distinguent lorsqu'il est entre les mains d'un habile jardinier. Nous allons révéler ici tous les secrets de sa culture.

Le seul moyen de l'obtenir beau consiste à planter ensemble quatre ou cinq jeunes sujets, ou davantage, dans un même pot, bien drainé et rempli d'un compost de terre franche et de terre de bruyère ; on enfonce ce pot dans la couche de tan, chauffée à 25 ou 26°, et on le couvre d'une cloche, en ayant soin de tenir l'atmosphère ambiante un peu humide. Les jeunes plantes poussent vigoureusement ; on les découvre alors peu à peu, et lorsqu'elles sont tout à fait habituées à l'air libre de la serre on les fait grimper sur un treillis de fil de fer en forme de globe ou de ballon, qu'elles ne tardent pas à recouvrir en entier. Il est bon de ne pas les laisser trop vieillir, parcequ'à la longue les feuilles deviennent coriaces, prennent une teinte jaune et perdent leur belle carnation rouge ; on remplace donc les anciennes plantes par de plus jeunes qu'on a eu soin de tenir toutes prêtes.

La multiplication par boutures est difficile ; il est rare en effet que les rameaux détachés s'enracinent, mais on supplée à cet inconvénient par la plantation de fragments de racines, longs de 6 à 8 centimètres, qui reprennent avec une grande facilité, pourvu que la couche sur laquelle on déposera les pots ou les terrines qui les contiennent soit chauffée au degré convenable, c'est-à-dire à 25 ou 26°.

La floraison de l'Echites nutans est assez rare dans les serres, mais précisément parce que, pour en obtenir un beau feuillage, on est obligé de renouveler les plantes, sans attendre qu'elles soient arrivées à l'état adulte.

BRACHYPHYLLUS.
LIX

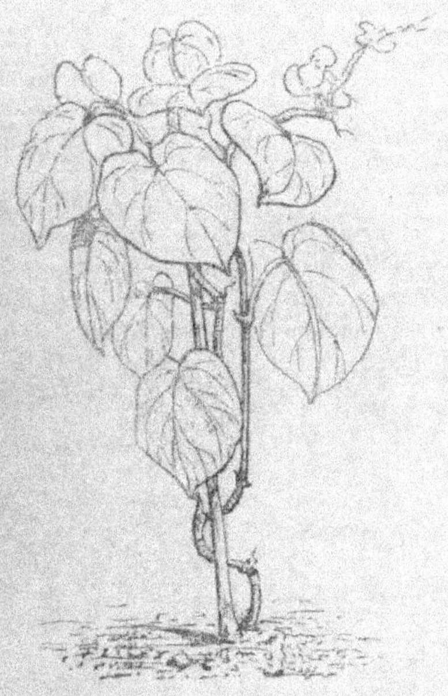

CISSUS PORPHYROPHYLLUS

(AMPÉLIDÉES. — PL. 59.)

Voici une autre vigne à feuilles colorées, et qui peut servir de pendant, mais sans l'égaler, au somptueux CISSUS DISCOLOR, dont il a été question plus haut. Elle nous vient en ligne directe de l'Inde, où elle a été découverte, il y a quelques années, par M. Thomas Lobb, botaniste-collecteur de la célèbre maison Veitch, de Chelsea, près de Londres.

Ses feuilles sont largement cordiformes, d'un vert d'émeraude dans le premier âge, et comme satinées ; çà et là, mais principalement au voisinage des nervures, la face supérieure est maculée et ponctuée de rose carmin ; la face inférieure est uniformément de couleur pourpre pâle. Cette curieuse vigne, qui peut être employée avantageusement à tapisser les murs dans la serre, à grimper aux treillis ou aux colonnettes, et à varier les feuillages colorés en se mêlant à d'autres espèces, a cependant un défaut, celui de croître avec lenteur, défaut d'autant mieux senti que son rival, le CISSUS DISCOLOR, plus brillamment coloré, croît au contraire avec une grande rapidité.

En revanche, la culture en est des plus faciles. Elle réussit supérieurement dans un compost de terre franche et de terre de bruyère, avec des arrosages proportionnés à la végétation, et sous une température estivale de 18 à 22°. Les boutures prises sur le jeune bois s'enracinent promptement, et donnent des plantes vigoureuses.

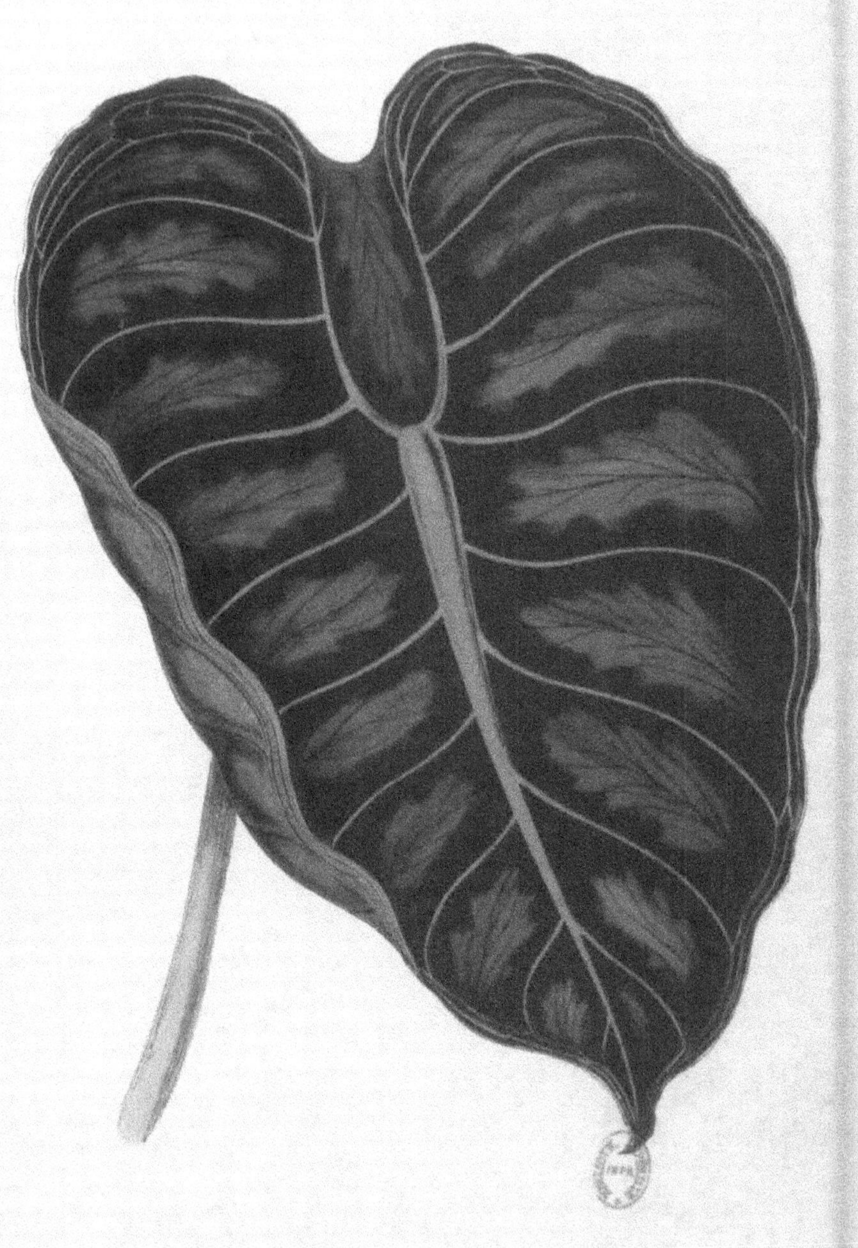

ALOCASIA METALLICA.

LX

ALOCASIA METALLICA

S'il pouvait rester des doutes sur l'excellence des Aroïdées, comme plantes à feuillage ornemental, ces doutes seraient levés à la seule inspection de la miraculeuse espèce dont nous avons à parler ici. Malgré l'habileté et les efforts du peintre, la figure ci-jointe, qui est censée en être l'image, ne représente que ses contours ; quant à ses teintes, nul pinceau au monde ne pourrait les rendre ; à peine même si la description détaillée en donnerait une idée.

L'Alocasia metallica est un produit de la Flore équatoriale. Il vient des sombres vallées de la chaîne de Kina-Balou, à Bornéo, d'où il a été rapporté par M. Hugh Low, fils d'un des célèbres horticulteurs de Londres. On le voit déjà à quelques-unes de nos Expositions d'horticulture parisiennes.

C'est une forte plante, qui, pour l'ampleur du feuillage, rivalise presque avec la Colocase des anciens. Ses feuilles, taillées sur le patron ordinaire des feuilles d'Aroïdées, c'est-à-dire de figure à peu près ovale, présentent cette singularité qu'elles sont réellement peltées, par la réunion des deux lobes basilaires, ce qui semble reporter l'insertion du pétiole presque au milieu du limbe. Le nom de *metallica*, qui est ici bien appliqué, fait allusion au genre particulier des reflets, vraiment métalliques, de ces feuilles, qui, vues de face, rappellent le poli et l'éclat du bronze, mais qui, semblables au caméléon, prennent toutes les teintes comprises entre le rouge et le bleu, suivant l'angle d'incidence du faisceau lumineux qu'elles renvoient à l'œil de l'observateur. Le dessous des feuilles est uniformément rouge carmin. Les pétioles sont d'un vert clair, et l'inflorescence d'un blanc lavé de rose. Tous ces traits réunis font de cette Aroïdée une plante unique dans son genre.

Sa culture est celle de toutes les Aroïdées de serre chaude. Elle se plaît à une température estivale de 26 à 28°, qui peut, sans inconvénient, s'élever à 30 ou 32 pendant le jour, sauf à redescendre à 20 ou 22 pendant la nuit. A cette forte chaleur, il faut ajouter une atmosphère humide et peu transparente, telle en un mot qu'on la fait artificiellement pour les Fougères et les Orchidées tropicales, en compagnie desquelles elle croît dans son pays natal. On la plante dans un compost formé par parties égales de sable siliceux et de terreau de feuilles, auxquels on ajoute un peu de vase de rivière, compost léger et bien perméable à l'eau. Les pots ou les caisses qui doivent la contenir doivent être surtout fortement drainés, par une épaisse couche de tessons ou de gros gravier, qu'on recouvre d'un lit de mousse destiné à empêcher l'obturation du drainage.

La plante est de trop récente introduction en Europe pour y avoir produit des graines; on en est donc encore réduit au bouturage des drageons qu'elle émet de son rhizome, moyen lent, mais dont il faut savoir se contenter en en attendant un meilleur. Ce bouturage d'ailleurs n'offre pas de difficulté sérieuse; il est purement et simplement la répétition de celui que nous avons décrit à maintes reprises pour les divers Caladiums dont nous avons parlé dans le cours de cet ouvrage.

CONCLUSION ET ADDITIONS

Nous n'avons pas épuisé, bien s'en faut, la liste des plantes
à feuillage coloré, ni celles dont le feuillage, sans prendre des
teintes insolites, est cependant considéré, avec juste raison,
comme hautement ornemental; mais nous ne voulions pas non
plus composer un livre trop volumineux et, par là, accessible
à trop peu de lecteurs. Toutefois, pour ne pas laisser incomplet
le sujet que nous avons entrepris de traiter, nous allons donner
ici une liste des plantes à feuillage ornemental les plus intéressantes que nous avons dû laisser en dehors de nos descriptions,
en les classant par catégories de culture, c'est-à-dire en plantes rustiques, demi-rustiques et de serre chaude ou de serre
tempérée.

Avant d'entrer en matière, faisons cependant observer que les
plantes à feuillage peint ou panaché se répartissent naturellement en deux classes fort distinctes : celles chez qui la coloration est un phénomène normal, auquel l'espèce tout entière est
assujettie, et celles dont le feuillage n'est vraiment coloré que
par *décoloration*, phénomène anormal qui n'affecte qu'un certain
nombre d'individus dans chaque espèce, et qui est presque toujours le signe d'un état maladif. De là vient que, parmi ces
dernières, il en est plusieurs que leur faiblesse, la pauvreté de
leur feuillage ou leur lenteur à croître doivent rigoureusement
exclure du jardinage ornemental ; mais il en est aussi beaucoup
qui conservent assez de vigueur pour y trouver une place hono-
rable, et qui ne sont souvent pas moins belles ni moins estimées
que celles chez qui le coloris insolite est un état parfaitement
naturel. Dans les pages précédentes nous avons décrit des plan-

tes de l'un et l'autre groupe ; celles que nous allons signaler maintenant appartiennent principalement à celui des feuillages décolorés, et où les couleurs acquises sont presque toujours le jaune pâle ou le blanc ; mais nous aurons soin de ne recommander que celles qui nous paraîtront vraiment méritantes, et cette précaution est d'autant plus nécessaire que les horticulteurs marchands livrent au commerce une multitude de plantes panachées plus que médiocres. Le lecteur nous saura donc gré de lui signaler ici les meilleures, dans les catégories suivantes.

A. — PLANTES PANACHÉES RUSTIQUES ET DEMI-RUSTIQUES

Acorus gramineus variegatus. — Charmante petite plante de Chine, haute de 0^m.20, à feuilles linéaires, rubanées de vert et de blanc.

Agapanthus umbellatus variegatus. — Belle liliacée du Cap, à fleurs bleues, en ombelles ; à feuilles parfois rubanées de blanc.

Agave americana variegata. — Tout le monde connaît cette gigantesque amaryllidée du Mexique, dont les énormes hampes florales s'élèvent à 6 ou 8 mètres. Les variétés panachées de jaune ou de blanc sont communes dans les jardins.

Agrostis colorata variegata. — Plusieurs graminées du même genre sont recherchées pour leurs feuilles rubanées de blanc.

Ajuga reptans variegata. — Plante indigène, de petite taille, à fleurs bleues ; sa variété panachée, rustique comme elle, est d'un bel effet en bordures, le long des pièces de gazon.

Angelica sylvestris variegata. — Très-belle ombellifère de nos montagnes, souvent employée pour décorer le bord des pièces d'eau. Sa variété panachée de jaune n'est pas sans mérite.

Artemisia vulgaris aurea. — L'armoise à feuilles jaunes ou panachées de jaune est d'un bel effet dans les massifs ; elle est parfaitement rustique et ne demande aucune culture.

Arundo phragmites albo-variegata. — Charmant roseau à feuilles rubanées de blanc pur, rustique, du plus bel effet au bord des eaux. Nous dirons la même chose du grand roseau de Provence (*Arundo Donax*) et du roseau de Mauritanie (*A. mauritanica*), dont on cultive aussi des variétés rubanées.

Aspidistra lurida variegata. — Liliacée du Japon, à feuilles larges et fermes, quelquefois largement panachées de blanc et de jaune pâle. Très-propre à composer des massifs dans les plates-bandes.

Aucuba Japonica. — Arbuste bien connu, dont la variété femelle, à feuilles marbrées de jaune, est cultivée dans tous les jardins. Depuis peu, la plante mâle a été introduite en Europe, et on obtient, par la fécondation artificielle, des fruits d'un rouge de corail qui doublent la beauté et la valeur de nos anciens échantillons.

Bellis perennis variegata. — La paquerette à fleurs doubles est une de nos plus charmantes plantes de pot; les variétés panachées sont peut-être encore plus attrayantes, mais elles sont aussi plus délicates et fleurissent moins facilement. La plupart de ces variétés nous viennent de Belgique.

Calamagrostis colorata. — Autre roseau à feuilles panachées qu'on peut réunir à ceux qui ont été indiqués ci-dessus. Comme eux, il se plaît au bord des eaux.

Canna indica variegata. — A tous les mérites des balisiers, celui-ci joint celui d'avoir des feuilles rubanées de blanc; malheureusement il n'est pas tout à fait rustique sous notre ciel et doit être abrité l'hiver.

Carduus marianus. — Le chardon Marie est une superbe plante de nos climats, dont les feuilles, élégamment découpées et épineuses, sont admirablement marbrées de blanc, et cela naturellement et non point par chlorose. Il est très-rustique, et sa grande taille lui assigne sa place sur les pelouses et les talus des jardins paysagers.

Centaurea candidissima et *Centaurea dealbata*. — Deux belles plantes rustiques, dont les feuilles sont blanchies par un épais duvet. Quoique ce ne soient point à proprement parler des plantes panachées, leur teinte insolite doit les faire classer ici. Elles sont du plus grand effet en bordures et en massifs.

Cineraria maritima. — Plante non moins belle du midi de la France, où elle habite au voisinage de la mer. Par ses feuilles élégamment découpées, blanches et cotonneuses, et par ses corymbes de fleurs jaunes, elle tiendra toujours un rang distingué dans la Flore décorative. Elle est suffisamment rustique dans le nord.

Convolvulus Cneorum, *C. argenteus*, *C. cantabricus*. — Charmants liserons du midi de l'Europe, à feuilles soyeuses, blanchâtres, luisantes, auxquelles s'ajoutent les fleurs rosées les plus gracieuses. Ce ne sont point des plantes panachées par chlorose, mais elles n'en sont que plus estimables.

Elymus arenarius glaucus. — Une de nos plus belles graminées indigènes, à feuilles naturellement glauques, parfois rubanées de blanc. Peu de plantes conviennent aussi bien pour les terrains sablonneux.

Festuca glauca. — Graminée du midi de la France, à feuillage fin, touffu, très-glauque; admirable en bordures le long des massifs. Elle pourrait servir également à composer des gazons et des pelouses dans la région méridionale, où les gazons du nord ne réussissent pas.

Glechoma hederacea variegata. — Jolie variété panachée d'une plante commune, qui rampe sur les talus desséchés des chemins et au pied des murs. Elle va de pair avec l'*Ajuga* dont il a été parlé plus haut.

Hydrangea Japonica. — Les Hortensias sont bien connus pour la beauté de leurs ombelles florales, roses, lilas, blanches, parfois bleues dans certains sols. On en connaît aussi plusieurs variétés panachées, blanches ou jaunes, qui sont d'un bel effet, quoique moins rustiques et moins vigoureuses que le type.

Iris fœtidissima — du midi de la France. Sa variété à feuilles rubanées de blanc est une plante estimable pour les jardins. Elle veut de copieux arrosages en été. Nous pouvons en dire autant des *Iris marmorata* et *pseudo-acorus*, dont il existe aussi de belles races panachées.

Myoporum punctatum. — Très-bel arbuste de la Chine, à feuilles persistantes, vertes, ponctuées de jaune. Il veut être abrité en hiver.

Myrtus communis. — Le myrte, si rustique sur les bords de la Méditerranée, demande des abris dans le centre et le nord de la France. Personne n'ignore que c'est un des arbustes les plus attrayants de nos orangeries; il a donné quelques variétés panachées de blanc, assez intéressantes, mais plus difficiles à conserver que le type.

Prunella vulgaris variegata. — Labiée indigène, non sans mérite ornemental. Sa variété à feuilles panachées va de pair avec l'*Ajuga* cité plus haut.

Rosmarinus officinalis. — Arbuste du midi de la France, à feuilles persistantes, et à fleurs bleues. On en connaît des variétés à feuilles panachées de jaune, qui ne valent pas le type de l'espèce.

Smilax asperifolia picta. — Liliacée grimpante et épineuse du midi de la France. On en possède une variété à feuilles marbrées de jaune qui n'est point sans mérite. Comme le type de l'espèce elle est vivace et demi-rustique dans le nord.

Trifolium rubrum. — Trèfle à feuilles pourpre noir, à trois ou cinq feuilles. C'est une curieuse variété, dans laquelle la macule brune envahit le limbe entier des folioles. Par sa singularité, cette plante, qui forme d'ailleurs de jolies touffes, bien fournies, mérite de prendre place dans les parterres.

Yucca aloifolia, *Y. filamentosa*, etc. — Les Yuccas sont de superbes plantes, à l'état naturel ; superbes par leur feuillage et par leurs vastes panicules de fleurs blanches. A ces mérites de premier ordre, s'ajoute pour quelques-uns celui d'avoir des feuilles rubanées de blanc ou de jaune pâle ; mais ces dernières variétés sont moins rustiques que les autres, et surtout fleurissent plus rarement et plus difficilement.

B. — ARBRES ET ARBUSTES A FEUILLES PERSISTANTES PANACHÉES

Aristotelia Maqui foliis variegatis. — Arbuste du Chili, demi-rustique dans le nord de la France, rustique dans le midi. Sa variété à feuilles panachées de blanc est moins robuste que la forme type.

Buxus sempervirens argentea. — Le buis panaché de jaune ou de blanc s'élève moins que la forme ordinaire. La variété blanche est plus belle que la variété jaune, mais elle est plus rare et peut-être aussi plus difficile à conserver.

Ilex aquifolium albo-marginatum. — Le houx commun est incontestablement un des plus beaux arbres à feuilles persistantes qui existent dans le monde. Son feuillage ferme, luisant, d'une magnifique verdure, et ses baies rouge corail, en font le plus remarquable ornement de nos jardins pendant l'hiver. Il a donné de nombreuses variétés, plus ou moins épineuses ou inermes et diversement panachées de jaune ou de blanc. La première de toutes en mérite, est la variété à feuilles marginées de blanc ; mais elle est assez rare. On recherche aussi les variétés mouchetées et marginées de jaune, qui sont beaucoup plus communes.

Rhamnus alaternus variegatus. — Tout le monde connaît ce bel arbuste du midi de l'Europe, dont le feuillage toujours vert donne encore quelque animation à nos jardins au cœur de l'hiver. Il en existe quelques variétés panachées, mais d'un mérite douteux.

Evonymus Japonicus variegatus. — Inutile de faire l'éloge du fusain du Japon, charmant arbuste à verdure perpétuelle, et qui se prête si merveilleusement à la formation des massifs dans les jardins pittoresques. Son premier mérite est d'être d'un vert foncé ; mais quelques pieds à feuillage marbré de jaune font un bon effet, disséminés çà et là dans les groupes. Cette variété est moins robuste que la forme type.

Conifères à feuillage coloré. — Les arbres et arbustes de cette superbe famille ne semblent guère susceptibles de se panacher, sans perdre en même temps toute leur vigueur, aussi rejette-t-on communément des plantations ceux qui présentent ce signe de débilité. En revanche, leur feuillage a souvent, à la face inférieure, des teintes argentées ou dorées qui en rehaussent grandement la beauté. Dans le nombre citons les *Abies excelsa Finedonensis*, le *Cèdre du Liban argenté*, le *Picea amabilis*, le *Pinus sylvestris argentea*, le *Chamæcyparis sphæroidea variegata*, le *Juniperus Sabina foliis variegatis*, le *Juniperus Virginiana aurea*, le *Thuïa aurea*, et enfin l'if commun ou *Taxus baccata variegata*. Ces trois derniers sont peut-être, de toutes les conifères, celles qui supportent le mieux l'accident des panachures. D'autres conifères ont une teinte glauque très-prononcée, par exemple, le *Cupressus glauca* et le *Cedrus Deodara*. Rien de plus beau que le contraste de cette teinte glauque avec la sombre verdure des autres conifères.

C. — ARBRES A FEUILLES CADUQUES COLORÉES ET PANACHÉES

Le coloris du feuillage n'est pas exclusivement propre aux plantes herbacées ; plusieurs arbres à feuilles caduques nous en fournissent des exemples. Un fait à noter, c'est qu'ici le coloris nouveau est presque toujours, sinon même toujours, le rouge sombre, descendant même parfois jusqu'au rouge noir. Dans ce groupe sont compris plusieurs de nos arbres indigènes, tels que le *hêtre à feuilles pourpre*, le *noisetier*, le *charme* et quelques autres qui revêtent accidentellement cette teinte.

La plupart de nos arbres à feuilles caduques ont, en outre, le privilège de prendre, en automne, des teintes souvent très-vives et fort aimées des peintres de paysage. C'est ainsi que les cerisiers passent au rouge vif, le hêtre et les érables au jaune clair, etc., mais ces nouveaux coloris sont le signe de la décadence de la végétation et n'ont qu'une durée éphémère. Dans ces mêmes arbres on observe aussi le phénomène de la panachure proprement dite. On en voit de fréquents exemples sur le *sureau* (*Sambucus nigra*), dont il existe des variétés fortement panachées de blanc, le *tilleul* (*Tilia Europæa*), le *chêne* (*Quercus*), l'*orme* (*Ulmus campestris*), le *hêtre* (*Fagus sylvatica*), le *frêne commun* (*Fraxinus excelsior*), le *cornouiller* (*Cornus mas*), etc., dont certaines variétés ont les feuilles plus ou moins marbrées ou marginées de jaune pâle ou de blanc.

D. — PLANTES DE SERRE CHAUDE A FEUILLAGE COLORÉ OU PANACHÉ

Ainsi que nous l'avons dit plus haut, beaucoup de plantes de serre chaude ont le feuillage naturellement peint de couleurs autres que le vert; mais il en est aussi qui sont panachées par chlorose, et qui, à ce titre, sont inférieures aux premières. C'est dans les familles des Marantacées, des Aroïdées, des Orchidées, des Mélastomacées et des Bégoniacées, que se trouvent le plus grand nombre des espèces colorées; en dehors de ces familles la prédominance est aux feuillages panachés par décoloration. Nous citerons simplement pour mémoire, dans la première catégorie :

Les *Anœctochilus Lowii*, *Roxburghii*, *intermedius*, *cordatus*, les *Macodes petola*, *Veitchii*, *xanthophyllus*, *Lobbii*, *pictus*, *argenteus*, *setaceus*; les *Begonia albo-lineata*, *amabilis*, *arborescens*, *argentea*, *splendens*, *grandis*, *Griffithii*, *hederæfolia*, *Lazuli*, *Leopoldii*, *Madame Wagner*, *Madame Alwart*, *Medusæ*, *Prince Troubetzkoï*, *Queen Victoria*, *Rollissoni*, *Reichenheimii*, *Rex Leopardi*, *Ricinifolia maculata*, *Roylei*, *rosacea*, *splendida*, *splendida argentea*, *Thwaitesii*, *Urania*, *Victoria*, *Virginia*, *Marshalli*; les *Bertolonia maculata* et *marmorea*; les *Caladium argyrites*, *bicolor*, *Chantini*, *Houlletii*, *Balingii*, *marmoratum*, *Baraquini*, *Wrightii*, *picturatum*; les *Cyanophyllum metallicum* et *magnificum*; les *Maranta albo-lineata*, *roseo-lineata*, *arundinacea rubescens*, *fasciata*, *metallica*, *micans*, *pardina*, *Porteana*, *pulchella*, *regalis*, *variegata*, *vittata*, *Warscewiczii*, *zebrina*, *bicolor*, *eximia* et *sanguinea*.

Dans la seconde catégorie, nous trouverons les *Musa vittata*, bananier à feuilles panachées de blanc cendré, *M. zebrina* et *M. Cavendishii*; le *Yucca quadricolor*; les *Hoya variegata* et *picta*, et quantité d'autres plantes dont la nomenclature serait dépourvue d'intérêt.

E. — FOUGÈRES REMARQUABLES PAR L'ÉLÉGANCE DE LEUR FEUILLAGE, QUELQUEFOIS MONSTRUEUX

Les unes sont de serre chaude ou de serre tempérée, les autres de plein air. Au premier groupe appartiennent : les *Adiantum cuneatum*; *Alsophila pruinata*; *Asplenium dimorphum*, *lucidum*, *præmorsum*, *serra*, *viviparum*, *rachirhizum*; le *Cyathea dealbata*; les *Cheilanthes elegans*, *farinosa*, *dealbata*, *argentea*; les *Dicksonia an-*

tarctica et arborea; le *Dennstædtia adiantoides*; les *Drymaria mo-
lallosa* et *quercifolia*; les *Davallia polyantha*, *dissecta*, *tenuifolia*, *his-
pida*, *immersa*; l'*Eupodium Kaulfussii*; les *Gleichenia hecistophylla*,
dicarpa, *circinalis*, *semivestita*, *speluncæ*, *rupestris*, *flabellata*, *il cho-
toma*; les *Gymnogramma javanica*, *chrysophylla*; *Lhermiñieri*,
Martensii, *sulphurea*, *ochracea*, *pulchella*, *argyrophylla*, *tartarea*, *calomelanos*, *speciosa*, *lanata*; les *Goniophlebium pictum*, *subauriculatum*,
verrucosum; l'*Hymenodium crinitum*; l'*Hemidyction marginatum*; le
Lithobrochia incisa; les *Lomaria discolor* et *nuda*; le *Marattia purpu-
rascens*; les *Notochlæna trichomanoides*, *pulveracea*, *nivea*, *flavens*,
Hookeri; le *Nephrodium molle corymbiferum*; le *Nephrolepis daval-
lioides*; l'*Onychium auratum*; les *Oleandra neriiformis* et *articulata*; les
Platyloma flexuosa, *ternifolia*, *calomelanos*; les *Polypodium plumula*,
effusum, *musæfolium*, *Billardieri*, *nigrescens*; les *Phlebodium aureum*
et *sporadocarpum*; les *Pteris umbrosa*, *scaberula*, *aspericaulis*, *tricolor*,
albo-lineata, *argyræa*, les *Platycerium grande* et *alcicorne*, et enfin, les
Selaginella Martensii, *Galeottii*, *africana*, *densa*, *denticulata*, *erythro-
pus*, *dichrous*, *Willdenowii*, *Lyallii*, *lepidophylla*, *cuspidata*, *atroviridis*
et *Lobbii*.

Parmi les espèces rustiques, la plupart indigènes, nous signale-
rons : l'*Allosorus crispus*, l'*Asplenium trichomanes incisum*; les *Athy-
rium Filix fœmina apuæforme*, *corymbiferum*, *depauperatum*, *multifidum*, *plumosum*, *polycladon*, *acrocladon*; les *Blechnum spicant
ramosum*, *cristatum*, *concinnum*; le *Cyrtomium falcatum*; le *Lastræa
Filix mas cristata*; le *Lycopodium dendroideum*; les *Polypodium vulgare cambricum*, *cristatum*, *semilacerum*, *Dryopteris*, *alpestre*; les
Polystichum angulare cristatum, *semipinnatum*, *proliferum*; l'*Onoclea
sensibilis*; les *Osmunda regalis claytoniana*, *cinnamomea* et *gracilis*; le
Struthiopteris germanica, et enfin les nombreuses variétés monstrueuses
du *Scolopendrium vulgare* connues sous les noms de *crispum*, *crista-
galli*, *digitatum*, *endiviæfolium*, *irregulare*, *marginatum*, *multifidum*,
acrocladon, *multifido crispum*, *ramo-marginatum*, *ramosum majus*, *sa-
gittato-cristatum*, *Stansfieldii*, *submarginatum*, *suprasoriferum*, *varia-
bile*.

POISSY. — TYP. ET STÉR. DE A. BOURET.